全国高职高专食品类、保健品开发与管理专业"十三五"规划教材

（供保健品开发与管理专业用）

U0267203

保健食品生产质量管理

主　　编　陈梁军

主　　审　李　恒

副 主 编　蔡良平　杨凤琼

编　　者　（以姓氏笔画为序）

刘竺云（泰州职业技术学院）

杨凤琼（广东岭南职业技术学院）

陈梁军（福建生物工程职业技术学院）

陈琳琳（泉州医学高等专科学校）

林清英（福建生物工程职业技术学院）

周　瑜（安徽阜阳技师学院）

徐桃枝（江西省医药技师学院）

蔡良平（汤臣倍健股份有限公司）

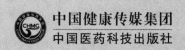

中国健康传媒集团

中国医药科技出版社

内容提要

本教材为"全国高职高专食品类、保健品开发与管理专业'十三五'规划教材"之一，系根据本套教材的编写指导思想和原则要求，结合专业培养目标和本课程的教学目标、内容与任务要求编写而成。本教材具有专业针对性强、紧密结合新时代行业要求和社会用人需求、与职业技能鉴定相对接等特点。内容主要包括概论、质量管理、机构与人员、厂房与设施、设备、物料与产品、文件管理、生产许可审查等。本教材为书网融合教材，即纸质教材有机融合电子教材、教学配套资源（PPT、微课、视频、图片等）、题库系统、数字化教学服务（在线教学、在线作业、在线考试）。

本教材主要供全国高职高专保健品开发与管理专业师生使用，也可作为食品行业培训用书。

图书在版编目（CIP）数据

保健食品生产质量管理／陈梁军主编．—北京：中国医药科技出版社，2019.1

全国高职高专食品类、保健品开发与管理专业"十三五"规划教材

ISBN 978 – 7 – 5067 – 9402 – 2

Ⅰ.①保…　Ⅱ.①陈…　Ⅲ.①疗效食品 – 食品加工 – 质量管理 – 高等职业教育 – 教材　Ⅳ.①TS218

中国版本图书馆 CIP 数据核字（2018）第 266116 号

美术编辑　陈君杞

版式设计　南博文化

出版　**中国健康传媒集团**｜中国医药科技出版社

地址　北京市海淀区文慧园北路甲 22 号

邮编　100082

电话　发行：010 – 62227427　邮购：010 – 62236938

网址　www.cmstp.com

规格　889×1194mm ⅟₁₆

印张　10

字数　210 千字

版次　2019 年 1 月第 1 版

印次　2019 年 1 月第 1 次印刷

印刷　三河市腾飞印务有限公司

经销　全国各地新华书店

书号　ISBN 978 – 7 – 5067 – 9402 – 2

定价　**28.00 元**

数字化教材编委会

主　　编　陈梁军
副 主 编　蔡良平
编　　者　（以姓氏笔画为序）
　　　　　陈梁军（福建生物工程职业技术学院）
　　　　　陈琳琳（泉州医学高等专科学校）
　　　　　林清英（福建生物工程职业技术学院）
　　　　　徐桃枝（江西省医药技师学院）
　　　　　蔡良平（汤臣倍健股份有限公司）

出版说明

为深入贯彻落实《国家中长期教育改革发展规划纲要（2010—2020年）》和《教育部关于全面提高高等职业教育教学质量的若干意见》等文件精神，不断推动职业教育教学改革，推进信息技术与职业教育融合，对接职业岗位的需求，强化职业能力培养，体现"工学结合"特色，教材内容与形式及呈现方式更加切合现代职业教育需求，以培养高素质技术技能型人才，在教育部、国家药品监督管理局的支持下，在本套教材建设指导委员会专家的指导和顶层设计下，中国医药科技出版社组织全国120余所高职高专院校240余名专家、教师历时近1年精心编撰了"全国高职高专食品类、保健品开发与管理专业'十三五'规划教材"，该套教材即将付梓出版。

本套教材包括高职高专食品类、保健品开发与管理专业理论课程主干教材共计24门，主要供食品营养与检测、食品质量与安全、保健品开发与管理专业教学使用。

本套教材定位清晰、特色鲜明，主要体现在以下方面。

一、定位准确，体现教改精神及职教特色

教材编写专业定位准确，职教特色鲜明，各学科的知识系统、实用。以高职高专食品类、保健品开发与管理专业的人才培养目标为导向，以职业能力的培养为根本，突出了"能力本位"和"就业导向"的特色，以满足岗位需要、学教需要、社会需要，满足培养高素质技术技能型人才的需要。

二、适应行业发展，与时俱进构建教材内容

教材内容紧密结合新时代行业要求和社会用人需求，与职业技能鉴定相对接，吸收行业发展的新知识、新技术、新方法，体现了学科发展前沿、适当拓展知识面，为学生后续发展奠定了必要的基础。

三、遵循教材规律，注重"三基""五性"

遵循教材编写的规律，坚持理论知识"必需、够用"为度的原则，体现"三基""五性""三特定"。结合高职高专教育模式发展中的多样性，在充分体现科学性、思想性、先进性的基础上，教材建设考虑了其全国范围的代表性和适用性，兼顾不同院校学生的需求，满足多数院校的教学需要。

四、创新编写模式，增强教材可读性

体现"工学结合"特色，凡适当的科目均采用"项目引领、任务驱动"的编写模式，设置"知识目标""思考题"等模块，在不影响教材主体内容基础上适当设计了"知识链接""案例导入"等模块，以培养学生理论联系实际以及分析问题和解决问题的能力，增强了教材的实用性和可读性，从而培养学生学习的积极性和主动性。

五、书网融合，使教与学更便捷、更轻松

全套教材为书网融合教材，即纸质教材与数字教材、配套教学资源、题库系统、数字化教学服务有机融合。通过"一书一码"的强关联，为读者提供全免费增值服务。按教材封底的提示激活教材后，读者可通过电脑、手机阅读电子教材和配套课程资源（PPT、微课、视频、动画、图片、文本等），并可在线进行同步练习，实时反馈答案和解析。同时，读者也可以直接扫描书中二维码，阅读与教材内容关联的课程资源（"扫码学一学"，轻松学习PPT课件；"扫码看一看"，即刻浏览微课、视频等教学资源；"扫码练一练"，随时做题检测学习效果），从而丰富学习体验，使学习更便捷。教师可通过电脑在线创建课程，与学生互动，开展布置和批改作业、在线组织考试、讨论与答疑等教学活动，学生通过电脑、手机均可实现在线作业、在线考试，提升学习效率，使教与学更轻松。

编写出版本套高质量教材，得到了全国知名专家的精心指导和各有关院校领导与编者的大力支持，在此一并表示衷心感谢。出版发行本套教材，希望受到广大师生欢迎，并在教学中积极使用本套教材和提出宝贵意见，以便修订完善，共同打造精品教材，为促进我国高职高专食品类、保健品开发与管理专业教育教学改革和人才培养做出积极贡献。

中国医药科技出版社

2019年1月

全国高职高专食品类、保健品开发与管理专业"十三五"规划教材

建设指导委员会

委　　员 （以姓氏笔画为序）

王　丹（长春医学高等专科学校）

王　磊（长春职业技术学院）

王文祥（福建医科大学）

王俊全（天津天狮学院）

王淑艳（包头轻工职业技术学院）

车云波（黑龙江生物科技职业学院）

牛红云（黑龙江农垦职业学院）

边亚娟（黑龙江生物科技职业学院）

曲畅游（山东药品食品职业学院）

伟　宁（辽宁现代服务职业技术学院）

刘　岩（山东药品食品职业学院）

刘　影（茂名职业技术学院）

刘志红（长春医学高等专科学校）

刘春娟（吉林省经济管理干部学院）

刘婷婷（安庆医药高等专科学校）

江津津（广州城市职业学院）

孙　强（黑龙江农垦职业学院）

孙金才（浙江医药高等专科学校）

杜秀虹（玉溪农业职业技术学院）

杨玉红（鹤壁职业技术学院）

杨兆艳（山西药科职业学院）

杨柳清（重庆三峡医药高等专科学校）

李　宏（福建卫生职业技术学院）

李　峰（皖西卫生职业学院）

李时菊（湖南食品药品职业学院）

李宝玉（广东农工商职业技术学院）

李晓华（新疆石河子职业技术学院）

吴美香（湖南食品药品职业学院）

张　挺（广州城市职业学院）

张　谦（重庆医药高等专科学校）

张　镝（长春医学高等专科学校）

张迅捷（福建生物工程职业技术学院）

张宝勇（重庆医药高等专科学校）

陈　瑛（重庆三峡医药高等专科学校）

陈铭中（阳江职业技术学院）

陈梁军（福建生物工程职业技术学院）

林　真（福建生物工程职业技术学院）

欧阳卉（湖南食品药品职业学院）

周鸿燕（济源职业技术学院）

赵　琼（重庆医药高等专科学校）

赵　强（山东商务职业学院）

赵永敢（漯河医学高等专科学校）

赵冠里（广东食品药品职业学院）

钟旭美（阳江职业技术学院）

姜力源（山东药品食品职业学院）

洪文龙（江苏农林职业技术学院）

祝战斌（杨凌职业技术学院）

贺　伟（长春医学高等专科学校）

袁　忠（华南理工大学）

原克波（山东药品食品职业学院）

高江原（重庆医药高等专科学校）

黄建凡（福建卫生职业技术学院）

董会钰（山东药品食品职业学院）

谢小花（滁州职业技术学院）

裴爱田（淄博职业学院）

前言

QIANYAN

保健食品生产是一个复杂而又严格的过程，也是影响和决定保健食品质量的关键环节，需要完善和严谨的质量管理体系来支撑。保健食品生产质量管理既可以规范保健食品生产环节和保障产品质量，也可以衡量保健食品生产企业的技术水平，更是保健品开发与管理专业学生必须掌握的专业知识。

保健食品生产质量管理系保健品开发与管理专业基础课，学习本课程教材主要为学生今后从事保健食品相关岗位奠定理论基础。为提升《保健食品生产质量管理》教材实用价值，真正做到有用、好用，在编写之初，编写团队进行了多方调研、走访、座谈，综合编委会成员的生产企业实践经历，企业实施保健食品生产质量管理过程中遇到的难点，以及对有关生产、质量等技术人才的要求，最后确定了本教材的基本内容，全书涉及面广，共九章，包括概论、质量管理、机构与人员、厂房与设施、设备、物料与产品、文件管理、生产许可审查等方面的内容。理论结合实践，文字语言通俗易懂，重点突出，具有内容丰富、知识新颖、针对性强、实用性强的特点。

本教材在编写中坚持以职业准入为标准，遵循"以就业为导向、全面素质为基础、能力为本位"的原则，把保健食品的迅猛发展，保健食品生产质量管理不断更新和发展的新技术、新设备、新方法引入书中。在编写过程中广泛征求了保健食品企业专家的意见，因此具有较强的实用性、可读性和创新性，对高职高专保健食品专业教学质量的提高将起到积极的促进作用。本教材为书网融合教材，即纸质教材有机融合电子教材、教学配套资源（PPT、微课、视频、图片等）、题库系统、数字化教学服务（在线教学、在线作业、在线考试）。

本教材主要适用于全国高职高专院校保健品开发与管理专业师生使用，也可作为职业技能鉴定中心对从业者掌握保健食品职业技能鉴定的培训材料，对保健食品企业技术人员也有重要的参考价值。

本教材由陈梁军担任主编，李恒担任主审，具体编写分工如下：陈梁军编写第五章；杨凤琼编写第三、八章；蔡良平编写第二章；徐桃枝编写第六章；刘竺云编写第四章；林清英编写第七章；陈琳琳编写第一章；周瑜编写第九章。

本教材在编写过程中得到了中国医药科技出版社及各编者所在单位的大力支持，在此对他们的帮助表示衷心感谢。由于编者水平有限，书中疏漏及不妥之处在所难免，同时由于保健食品生产的法律、法规和技术标准不断更新，恳请各位同仁和广大读者批评指正，根据新的法规标准更新调整相关内容，以使教材更丰富完善，更适合高等职业教育。

因 2018 年国家机构改革，部分机构名称和职责等发生变化，因此本教材中涉及的有关食品法律法规内容将陆续更新，但教材的修订改版需要一定的周期，请各位师生在教学中涉及相应内容时，以国家最新颁布的相关内容为准。

编　者

2019 年 1 月

目录

第一章 概　　论

第一节　保健食品生产质量管理的产生与发展

扫码"学一学"

我国保健食品行业是伴随着国家经济发展而兴起的，经济发展促进了消费水平的提高，我国人民的膳食结构和食品消费观念发生了很大的变化。大多数人民在解决了温饱问题后开始关注健康，食品的营养和保健功能越来越受到人们的重视。作为一个新兴产业，保健食品是在争论中发展起来的，因此保健食品的质量管理十分必要。

一、概念

（一）保健食品概念

1. 保健食品　亦称功能性食品，是一个特定的食品种类。它具有调节人体功能的作用，但不以治疗疾病为目的，适于特定人群食用。

《保健食品注册与备案管理办法》对保健食品有严格定义：保健食品是指声称具有特定保健功能或者以补充维生素、矿物质为目的的食品，即适宜于特定人群食用，具有调节机体功能，不以治疗疾病为目的，并且对人体不产生任何急性、亚急性或者慢性危害的食品。

2. 保健食品需符合的条件

（1）经必要的动物和人群功能试验，证明其具有明确、稳定的保健作用。

（2）各种原料及其产品必须符合食品卫生要求，对人体不产生任何急性、亚急性或慢性危害。

（3）配方的组成及用量必须具有科学依据，具有明确的功效成分。如在现有技术条件下不能明确功效成分，应确定与保健功能有关的主要原料名称。

（4）标签、说明书及广告不得宣传疗效作用。

（二）保健食品生产质量管理的概念

《保健食品注册与备案管理办法》第三条强调"对申请注册的保健食品的安全性、保健功能和质量可控性等相关申请材料进行系统评价和审评"以及"保健食品生产企业依照法定程序、条件和要求，将表明产品安全性、保健功能和质量可控性的材料提交食品药品监督管理部门（现为食品安全监督管理部门）进行存档、公开、备查"；第十二条反复强调了申请保健食品注册应提交材料内容：数据一定要有产品安全性、保健功能、质量可控性的论证报告和相关科学依据。整个管理办法都充分体现了要加强保健品的质量管理。保健食品注册与备案是保证保健食品质量，保障人体食用安全而采取的保健食品管理必要的控制措施。保健食品的质量标准是达到生产合法性、质量可控性、食用安全性和营养保健的有效性，这就要求在保健食品生产过程中加强质量管理。保健食品的质量不仅取决于生产过程的质量管理，还包括产品配方的合理性、工艺设计的科学性。《保健食品良好生产规范》又称《保健食品GMP》（GMP也称生产质量管理规范），是对将保健食品生产中发生的差错和误差、各类污染的可能性降到最低程度所规定的必要条件和管理措施，是保健食品生产全过程的质量管理制度。

二、内容和特点

（一）内容

为规范保健食品生产质量管理，根据《中华人民共和国食品安全法》及其实施条例，制定了《保健食品GMP》，该规范是保健食品生产质量管理的基本准则，规定了保健食品生产企业的机构与人员、厂房与设施、设备、物料与成品、生产管理、质量管理和文件管理等方面的基本要求。保健食品GMP适用于所有保健食品生产企业。

1. 机构与人员　企业应当建立与保健食品生产相适应的管理机构，各机构和人员职责应当明确，包括对有关人员学历、专业、能力的要求及人员培训、健康、个人卫生等的要求。

2. 厂房与设施　包括对选址、总体布局、厂房设计、厂房布局、设施等的要求。

3. 设备　根据保健食品生产的条件，规定了不同保健食品的生产所必须具备的硬件设施。

4. 物料与成品　制定保健食品生产所用原辅料和包装材料的采购、验收、储存、发放和使用等管理制度。

5. 生产管理　包括对生产工艺规程与岗位操作规程、工艺卫生与人员卫生、生产过程管理、标签与标识管理等的要求。

6. 质量管理　建立独立的、与生产能力相适应的质量管理机构，制定质量管理制度，明确了质量管理部门的权利和责任，包括对质量检验所需的设备条件和人员条件及检验的要求。

7. 文件管理　建立文件的起草、修订、审查、批准、撤销、印制及保管的管理制度。

8. 附则　该规范中用语的含义。

（二）特点

保健食品生产质量管理涉及以下三个方面：①硬件要素——总体布局，生产环境及设备设施；②软件要素——完整的一套文件管理体系，规范企业行为的一系列标准，以及执行标准结果的记录；③人员要素——软、硬件系统的制定者。这三个方面是组成生产质量管理的要素。

1. 硬件要素 实行生产质量管理是关系到企业发展的大事，而硬件的改造和完善是实施生产质量的必要条件。谈到良好的硬件设施，人们普遍认为要有充足的资金投入。诚然，充足的资金投入是硬件建设的保障；但对于企业来说，资金充足与否始终是相对的，都要将投入的资金计入成本。因此，如何用有限的资金完成生产质量硬件改造和建设，成为企业在生产质量实施过程中必须首要考虑的问题。

在新厂房筹建或老厂房改造之前，应进行深入细致的评估和论证，广泛征求注册、生产车间、技术、质量管理、设备等部门的意见，对照生产质量的要求，就设备的选型、装修材料的挑选、工艺流程布局进行综合考虑，制订出合理的资金分配方案，使有限的资金发挥最大的效能；而不应本末倒置，在外围生产区域装修上占用较多的资金，使关键的生产设备、设施因陋就简，这将给未来的生产埋下隐患。良好的厂房设备、完善的设施是重要的基础条件。

2. 软件要素 软件不如硬件那样直观、引人注目，常遭忽视。众所周知，质量是设计和制造出来的，而产品的质量要通过遵循各种标准的操作和管理来保证，这就需要一套经过验证的、具有实用性的、可行性的软件系统。同其他事物一样，企业的软件管理也经历了一个形成、发展和完善的过程。从纵向看，各种技术标准、管理标准、工作标准是在长期的生产过程及各类验收检查、质量审计中逐步形成的，这一时期的各类标准是低水平、粗线条的。

此后随着生产质量实践的不断深入，从中细化出了各类具有实用和指导意义的软件——标准操作规程（SOP）。良好的文件是质量保证体系不可缺少的基本部分，也是实施GMP的关键，其目的在于保证生产经营活动的全过程按书面文件进行运作，以减少口头交接所产生的错误。各药品生产企业都应建立一套由标准和记录组成的文件系统，必须建立和健全一切涉及药品生产、质量控制、营销活动所必需的书面标准、规程、办法、程序、职责、工作内容等，以及在实际生产活动中执行标准的每一项行为的记录。所有文件的标题、内容及目的均要表达清楚，用词明确，以便操作者能正确有效地使用，文件应格式化，语言应规范化。具有实用性、可行性的软件系统是产品质量的重要保证。

3. 人员要素 作为一个企业，从产品设计、研制、生产、质量控制到销售的全过程中，"人"是最重要的因素。产品质量的优劣是全体员工工作质量好坏的反映，因为优良的硬件设备要由人来操作，好的软件系统要由人来制订和执行，由此可知，人员的培训工作是一个企业生产质量工作开展、深入和持续的关键，必须加强员工的培训、教育工作。在组成生产质量的三大要素当中，人是最重要的，因为再好的设备和操作规程，没有高素质的人去操作都不可能出好产品。因此，药品生产企业应有计划、有目的地进行培训教育工作，建立个人培训档案，定期考核记录，并采取适当的激励措施，从而调动员工学习的积极性。具有高素质的人员是实施GMP的关键。

三、实施保健食品生产质量管理的目的和意义

（一）实施目的

1. 防止差错，防止计量传递和信息传递失真，把人为的误差降低到最低限度。

2. 防止生产过程中保健食品遭受污染或品质劣变；防止不同保健食品或其组分之间发生混杂；防止由其他保健食品或其他物质带来的交叉污染的情况发生，包括物理污染、化学污染、生物和微生物污染等。

3. 保证质量管理体系的高效性。建立完善的生产质量管理体系，防止遗漏任何生产和检验步骤的事故发生；防止任意操作不执行与低限投料等违章违法事故发生，保证保健食品的质量。

（二）实施意义

1. 确保保健食品的产品质量。

2. 促进保健食品企业质量管理科学化、规范化，提高保健食品产业整体管理水平。

3. 提高监督部门对保健食品企业进行监督管理的水平。

4. 促进保健食品企业的公平竞争，有利于保健食品进入国际市场。

四、保健食品生产质量管理的历史及发展

保健食品生产质量管理规范又称保健食品 GMP，其概念来源于食品 GMP，而食品 GMP 的概念又是借鉴药品 GMP。20 世纪 50 年代的"反应停事件"，促使美国食品药品管理局（FDA）在 1963 年颁布了世界上第一部药品良好生产规范（药品 GMP）。1969 年，美国以联邦法规的形式颁布了食品的 GMP 基本法，即《食品制造、加工、包装、储运的现行良好操作规范》，简称 FGMP 基本法。同年，FDA 将药品 GMP 应用到食品卫生质量管理中，制定了《食品良好生产工艺通则》，简称 CGMP。

世界卫生组织（WHO）认可并采纳了 GMP 体系的观点，积极建议各成员国制定食品的 GMP。国际食品法典委员会（CAC）制定了《食品卫生通则》（CAC/RCP 1—1969）以及 30 多种食品卫生实施法规，供各会员国政府在制定食品法规时作参考。在 CAC 先后制定的 190 多个食品国际标准中都涉及了 GMP。

第二节　我国保健食品生产质量
管理发展和实施情况

扫码"学一学"

一、我国保健食品法律法规

我国食品企业质量管理规范的制定工作起步于 20 世纪 80 年代中期，1988 ~ 1998 年，我国先后颁布了 19 个食品企业卫生规范，提高了我国食品企业的整体生产条件和管理水平。1994 年颁布了《食品企业通用卫生规范》（GB 14881—94），作为我国食品企业必须执行的国家标准；1996 年颁布了《保健食品管理办法》，将保健食品纳入法制化管理的轨道；1997 年颁布了《保健（功能）食品通用标准》（GB 16740—1997）、《保健食品生产企业通用技术规范》等一系列部门规章及技术标准；1998 年 5 月 5 日颁布了《保健食品良好生产规范》（GB 17405—1998），自 1999 年 1 月 1 日起正式实施，属于强制性技术标准；2002 年 8 月，卫生部下发了"卫生部关于审查《保健食品 GMP》贯彻执行情况的通知"；

2003 年 4 月发布了《保健食品良好生产规范审查方法和评价准则》；2005 年 6 月国家食品药品监督管理局发布了《保健食品注册管理办法（试行）》和 8 个与保健食品申报及审批相关的规定；2016 年 2 月国家食品药品监督管理总局公布了《保健食品注册与备案管理办法》，自 2016 年 7 月 1 日起实施，2005 年公布的《保健食品注册管理办法（试行）》同时废止。

二、保健食品质量管理体系

1. ISO 9000（International Organization for Standardization） 一个国际标准化组织。1988 年 12 月，我国正式发布了等效采用 ISO9000 标准的 GB/T 10300《质量管理和质量保证》系列标准，并于 1989 年 8 月 1 日起在全国实施。ISO 9000 是一个通用的质量管理体系，适用于各种类型、不同规模和提供不同产品的组织。该标准使组织能够将自身的质量管理体系与相关的管理体系要求结合或整合，因此往往被企业与其他质量管理体系共同应用，在保健食品业也应用广泛。

2. HACCP（Hazard Analysis and Critical Control Points） 危害分析和关键控制点，是一个以预防为基础的食品安全生产、质量控制的保证体系。HACCP 体系已被联合国粮农组织（FAO）、世界卫生组织（WHO）及食品法典委员会（CAC）认可为防止由食品引起的疾病或伤害的最有效方法，并被确认是确保食品安全的有效管理体系。

3. SSOP（Sanitation Standard Operating Procedure） 卫生标准操作程序，是在食品生产中实现 GMP 全面目标的操作规范，强调食品生产车间、环境、人员及与食品有接触的器具、设备中可能存在的危害的预防及清洁措施。

4. 保健食品 GMP 为保障保健食品安全而制定的贯穿保健食品生产全过程的一系列措施、方法和技术要求。主要解决保健食品生产中的质量问题和安全卫生问题，要求企业具有良好的生产设备、合理的生产过程、完善的卫生与质量以及严格的检测系统，以确保保健食品的安全性和质量符合标准。

5. 保健食品 GMP 与其他质量保证体系的结合

（1）GMP 与 SSOP 结合 SSOP 实际上是在保健食品生产中实现 GMP 全面目标的卫生生产规范，是企业在生产中实施 GMP 全面目标而使用的过程。

（2）GMP 与 HACCP 结合 HACCP 不是一个独立的程序，仅是食品质量保证体系中安全控制的一部分，HACCP 要有效地应用于实施，必须配备预先的基础和程序，HACCP 体系必须建立在遵守现行 GMP 的基础上，GMP 才能有效保证保健食品加工的环境。

（3）GMP 与 ISO 9000 标准体系结合 两者都是以预防为主和全面质量改进为主要内容的质量体系，最终能促使生产方和用户在成本、风险、效益三方面取得最佳组合。

三、我国最新保健食品的功能与剂型

截至 2018 年 6 月，国产保健食品共获批文 16690 个，保健功能排名前十位的功能依次为增强免疫力、缓解体力疲劳、辅助降血脂、抗氧化、辅助降血糖、通便、增加骨密度、改善睡眠、保肝、减肥。具体分布情况见表 1-1。

表1-1 保健食品功能、剂型分布表

	保健功能	个数	百分比
1	增强免疫力	5739	36.1%
2	缓解体力疲劳	2116	13.3%
3	辅助降血脂	1576	9.9%
4	抗氧化（延缓衰老）	897	5.6%
5	辅助降血糖	586	3.7%
6	通便	580	3.6%
7	增加骨密度	559	3.5%
8	改善睡眠	539	3.4%
9	保肝	516	3.2%
10	减肥	392	2.5%
11	耐缺氧	382	2.4%
12	祛黄褐斑	353	2.2%
13	改善记忆	274	1.7%
14	清咽	215	1.4%
15	改善营养性贫血	213	1.3%
16	抗辐射	174	1.1%
17	调节肠道菌群	138	0.9%
18	视疲劳	137	0.9%
19	辅助降血压	132	0.8%
20	促进消化	95	0.6%
21	保护胃黏膜	81	0.5%
22	改善生长发育	78	0.5%
23	祛痤疮	66	0.4%
24	排铅	48	0.3%
25	改善皮肤水分	17	0.1%
26	促进泌乳	10	0.1%
27	改善皮肤油分	0	0.0%
总计	以功能计（部分产品为双功能）	15 913	100.0%

四、我国保健食品产品开发分析

1. 开发符合大众消费习惯的食品剂型 目前保健食品审批剂型以片剂、软胶囊、硬胶囊、口服液、粉剂等为主，一般食品形态产品，如酒剂、膏剂分别为535个和95个，仅占获批16690个产品中的3.2%和0.6%。

2. 开发针对老年人及慢性疾病人群的特色产品 为落实中共中央精神和《国民营养计划（2017-2030年)》的要求，2016年国家卫生计生委办公厅印发了《2016年度食品安全国家标准项目计划（第二批）的通知》（国卫办食品函〔2016〕1358号），开始制定老年食品标准。据中国疾控中心营养与健康所介绍，健康老人每日蛋白质适宜摄入量为1.0~

1.2 g/kg；急慢性老年患者为 1.2～1.5 g/kg，其中优质蛋白质比例最好占一半。老年营养不良问题极需关注，仅 48% 的老年人营养正常，37% 存在营养风险，15% 为营养不良。而老年人的咀嚼障碍和吞咽障碍，是导致以上问题产生的主要原因。开发老年专属食品已成为产业发展和社会发展的需要。

3. 开发针对儿童的特色营养健康产品　随着国家"二孩"政策的推行，一个快速增长的儿童市场逐渐形成，据权威统计机构测算，中国儿童药市场规模至今已经达到 1200 亿元。儿童营养类食品和保健食品更是市场广阔，但是目前儿童特色产品缺乏，还远远不能满足市场需要。结合祖国两千多年的中医治疗疾病和养生保健理论，开发适合儿童的中医药特色产品是企业今后需要考虑的方向。

4. 循证医学在保健食品再评价中的应用　我国保健食品在经历了波动性发展后已逐步进入成熟阶段，但由于技术和法规问题，已获批准的市售保健食品仍存在很多问题。虽然申报的保健食品均按照《保健食品功能学评价程序和检验方法》进行了动物实验和部分人体试验，但由于动物种属间的差异以及人群的个体差异，实验结果的外推性受到了一定限制。由于缺乏人体试食以及未进行人群细分研究，有些企业未能对各自产品的特色与优势给予充分的认识和差异化的定位。还有少数产品虽然进行了人体试食试验，但由于时间过短（一般在 30 天左右）、人数过少（一般在 30 人左右），所得研究结果与上市后人群食用实际效果差距较大。就我国以中医理论为指导，以中草药提取物为原料的保健食品而言，即使同样申报增强免疫力功能，但由于组方、原理、剂量、原料来源、工艺剂型、服用对象的不同，都会对人体产生不同的影响，这类产品质量评价的主要依据是人群使用效果。

? 思考题

1. 什么是保健食品？保健食品应符合哪些要求？
2. 实施保健食品 GMP 的目的和意义。
3. 《保健食品 GMP》的具体内容有哪些？
4. 《保健食品 GMP》与 HACCP 质量保证体系之间的关系是什么？
5. 保健食品产品开发主要有哪些内容？

（陈琳琳）

第二章　质量管理

知识目标

1. **掌握**　质量管理的重要术语；质量管理的程序以及质量保证与质量控制的要求。
2. **熟悉**　质量风险管理的程序和方法。
3. **了解**　质量管理机构的设置。

能力目标

1. 能够解释QMS、QA、QC的含义，以及QA、QC、GMP的关系。
2. 能够明确质量保证与质量控制的基本要求。
3. 能够运用GMP的原理和质量风险管理办法分析和处理生产管理及质量管理中的问题。

　　质量管理是以确定和达到保健食品质量所必需的全部职能和活动作为对象而进行的管理。其目的在于防止事故，尽一切可能将差错消灭在制造完成以前，以保证保健食品质量符合注册要求。质量管理主要是确定质量方针、目标和职责，并在质量体系中通过诸如质量策划、质量控制、质量保证和质量改进等使其实施全部管理职能的所有活动。

　　质量管理体系是为保证产品过程或服务质量满足规定的或潜在的要求，由组织机构、职责、程序、活动、能力和资源等构成的有机体，其中组织机构、职责尤为重要。质量管理部门不仅要设立管理机构，而且要明确行政机构的隶属关系和制约机制，这样才能进行有效管理。保健食品质量管理体系包括影响保健食品质量的所有因素，是确保保健食品质量符合预定用途所需的有组织、有计划的全部活动，它包括质量管理的原则、质量保证、生产质量管理、质量控制等。

　　质量管理与 GMP 是密不可分的。GMP 是以质量为中心而进行的，质量管理也是 GMP 管理的核心部分，保健食品生产企业的管理都是围绕质量管理展开的。质量管理活动贯穿于保健食品制造的始终，从原材料供应商的审计到产品的最终质量评价，从成品的发运到出现紧急情况时的保健食品召回，从生产过程的监控到企业的自检，质量管理活动无处不在，质量管理的职责已经融入参与保健食品制造的各部门的所有员工的职责中，这就是全面的质量管理。

　　质量管理是 GMP 管理的核心，质量管理的水平直接影响 GMP 能否顺利实施，质量工作的覆盖面、质量管理人员对各项工作的参与程度直接影响质量管理水平，而要提高企业的质量管理水平，就必须设置独立的直属企业负责人领导的质量管理部门及质量管理网，配备足够资格的质量检验人员和质量管理人员，配备与保健食品生产规模、品种、检验要求相适应的场所、仪器、设备，对保健食品生产全过程进行质量管理和检验。只有将质量管理活动贯穿于保健食品生产的全过程，才有可能保证产品质量的有效性、安全性、均一性、稳定性，才能防止产物受污染。

扫码"学一学"

第一节 概 述

一、质量管理的重要术语

1. 质量（quality） 为符合预定用途所具有的一系列固有特性的程度。保健食品质量是指为了满足保健食品的安全性和有效性的要求，产品所具有的成分、含量、纯度等物理、化学或生物学等特性的程度。

2. 质量方针（quality policy） 由某机构的最高管理者正式颁布的全部质量宗旨和该机构关于质量的方向。

3. 质量保证（quality assurance，QA） 强调为达到质量要求应提供的保证。质量保证是一个广义的概念，它涵盖影响产品质量的所有因素，是为确保保健食品符合其预定用途，达到规定的质量要求，所采取的所有措施的总和。

4. 质量控制（quality control，QC） 强调质量要求。指按照规定的方法和规程对原辅料、包装材料、中间品和成品进行取样、检验和复核，以保证这些物料和产品的成分、含量、纯度和其他性状符合已经确定的质量标准。

5. 质量管理（quality management，QM） 建立质量方针和质量目标，并为达到质量目标所进行的有组织、有计划的活动。

6. 质量体系（quality system，QS） 又称质量管理体系，为保证产品过程或服务质量满足规定的或潜在的要求，由组织机构、职责、程序、活动、能力和资源等构成的有机体，其中组织机构、职责尤为重要。

7. 质量审核（quality audit） 对质量活动及有关结果所做的系统的、独立的审查，以确定它们是否符合计划安排，以及这些安排是否有效贯彻且能达到预期的目的（上述审核往往被称为"质量体系审核""工序质量审核"）。

8. 质量监督（quality surveillance） 为确保满足规定的要求，对程序、方法、条件、产品、过程和服务的现状进行的连续监视和验证，以及按规定的标准对记录所做的分析。

9. 质量管理部门（quality unit，QU；quality operations，QO） GMP规定企业必须建立质量管理部门；并且为了保证质量管理部门对产品质量和质量相关问题独立做出决定，企业应设立独立的质量管理部门，履行质量保证和质量控制的职责；根据企业的实际情况，质量管理部门可以分别设立质量保证部门和质量控制部门；质量管理部门应参与所有与质量有关的活动和事务，因此，在企业的部门设置上，应保证质量管理部门运作的快速有效；质量管理部门在质量管理体系中独立履行的职责，应按照相关法规的要求加以规定，质量管理部门人员的职责可以委托给具有相当资质的指定人员（质量授权人）；除了负责GMP规定的职责外，质量管理部门的工作范围有时还扩展到注册等领域。

10. 良好生产规范（good manufacturing practice，GMP） 也称生产质量管理规范，作为质量管理体系的一部分，是保健食品生产管理和质量控制的基本要求，旨在最大限度地降低保健食品生产过程中污染、交叉污染以及混淆、差错等风险，以确保持续稳定地生产出符合预定用途和注册要求的保健食品。

二、QMS、QA、QC、GMP 间的关系

质量管理是一个组织，致力于保证质量所制定的总方针，质量保证（QA）则确保质量方针得以贯彻。GMP 是 QA 的一部分，它特别强调不能通过检验成品来完全控制的如交叉污染和混淆等风险，它将质量建立于产品中，确保企业持续、一致、稳定地进行保健食品的生产和控制。质量控制（QC）又是 GMP 的一部分，它主要根据标准对环境、设施、物料、产品进行检验来控制产品质量。

ISO 9001：2005 对质量管理体系（quality management system，QMS）的标准定义为"在质量方面指挥和控制组织的管理体系"，通常包括制定质量方针、目标以及质量策划、质量控制、质量保证和质量改进等活动。实现质量管理的方针目标，有效地开展各项质量管理活动，必须建立相应的管理体系，这个体系就叫质量管理体系。质量管理体系的职能主要包括高层管理者职责，建立质量方针、目标、计划，资源管理，质量信息交流，管理评审和系统持续改进等方面。

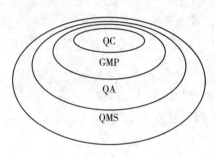

图 2-1　QC、GMP、QA 和 QMS 的关系

《保健食品 GMP》是保健食品质量管理体系的一部分，也是控制保健食品生产关键方法和手段。

从概念所涵盖的范围上看，QC、GMP、QA 和 QMS 存在包含和被包含的关系，如图 2-1所示。

第二节　企业的质量管理组织机构和主要职责

扫码"学一学"

企业应当建立保健食品质量管理体系，它的实施范围要和企业的质量策略相一致。保健食品生产企业的组织机构不仅要适应现代化的生产及其企业经营战略的需要，也要适应实施 GMP 的需要。《保健食品良好生产规范（2010 年修订）》第九十八条规定："企业应当建立与保健食品生产相适应的管理机构，并有组织机构图。企业应当设立独立的质量管理部门，履行质量保证和质量控制的职责。"

一、建立质量管理组织机构的基本原则

保健食品生产企业的质量管理组织机构是和《保健食品 GMP》相适应的。保健食品生产企业要以人本管理为基础，以质量管理为核心，全面提高企业人员的素质和强化质量意识，严格遵守规程和工艺，才能确保持续、稳定地生产出符合预定用途和注册要求的保健食品。

组织机构及其职责管理是企业开展保健食品生产管理的工作基础，也是《保健食品 GMP》存在及运行的基础。组织机构的设置应与企业的规模、人员素质、经营和管理方式相适应。质量管理部门的设置是开展保健食品质量管理工作的基础。保健食品生产企业必须有一个独立的、强有力的质量保证部门。建立质量管理组织机构的基本原则如下。

1. 质量管理部门为一个独立的权威部门。企业应当建立与保健食品生产相适应的管理

机构，并有组织机构图。建立一个独立于生产部门，并对保健食品生产全过程实施有效监督管理的质量管理部门是至关重要的，符合 GMP 对人员、组织、生产管理及质量管理等的要求，GMP 规定质量管理部门为一个独立的系统，有很大的权利和责任，对所有质量问题具有决定权，职责通常不得委托给他人。

2. 质量管理部门包括质量管理监督（质量保证）和质量检验（质量控制）系统。企业应当设立独立的质量管理部门，履行质量保证和质量控制的职责。质量管理在国内外保健食品生产企业中分为两个部分，一是质量检验，二是质量管理和监督，并与生产部门截然分开，职责不同。质量管理部门可以分别设立质量保证部门和质量控制部门。

质量管理部门对于质量管理和监督这部分的工作应给予足够的重视。现代保健食品生产企业中的物料控制、生产控制、公用工程及维修部门控制中有许多影响产品质量的因素，质量管理部门的质量保证部分就是面对所有这些因素，强化每个环节的管理。建立质量保证系统，同时建立完整的文件体系，以保证系统有效运行。

质量检验部门应建立有效的质量控制以保证保健食品的安全有效，对所有物料、中间品、成品等进行取样、检验和复核，以保证这些物料和产品的成分、含量、纯度和其他性状符合已经确定的质量标准。

3. 合理配备质量管理部门的人员和设施。保健食品生产企业应具有能对所生产保健食品进行质量管理和质量检验的机构、人员以及必要的仪器设备，要按照 GMP 要求配备足够数量并具有适当资质的管理和操作人员。对质量控制实验室的检验人员来说，应配备食品、化学、微生物等相关专业中专或高中以上学历人员，并经过与所从事的检验操作相关的实践培训且通过考核，即应配备真正掌握分析技术的合格人员。质量管理负责人和质量管理人员要具备以上分析技术的素质，还需要精通 GMP，善于管理，善于各部门协调，了解保健食品生产的各个环节，具有从事保健食品生产和质量管理的实践经验，接受过与所生产产品相关的专业知识培训。质量控制负责人应当具有足够的管理实验室的资质和经验，可以管理同一企业的一个或多个实验室。

要做好质量工作，除有合格的人员外，还要有一个符合要求的检验场所、适当的设施、必要的检验仪器和设备，应有一套完整的操作规程。检验场所和各项设施必须符合检验项目的要求。

二、质量管理部门的主要职责

质量管理部门应当参与所有与质量有关的活动，负责审核所有与 GMP 有关的文件。质量管理部门人员不得将职责委托给其他部门的人员，质量管理部门的职责应以文件形式规定，通常包括以下各项。

1. 确保原辅料、包装材料、中间产品、待包装产品和成品符合经注册批准的要求和质量标准。

2. 确保在产品放行前完成对批记录的审核。

3. 确保完成所有必要的检验。

4. 批准质量标准、取样方法、检验方法和其他质量管理的操作规程。

5. 审核和批准所有与质量有关的变更。

6. 确保所有重大偏差和检验结果超标已经过调查并得到及时处理。

7. 批准并监督委托检验。

8. 监督厂房和设备的维护，以保持其良好的运行状态。

9. 确保完成各种必要的确认或验证工作，审核和批准确认或验证方案和报告。

10. 确保完成自检。

11. 评估和批准物料供应商。

12. 确保所有与产品质量有关的投诉已经过调查，并得到及时、正确的处理。

13. 确保完成产品的持续稳定性考察计划，提供稳定性考察的数据。

14. 确保完成产品质量回顾分析。

15. 确保质量控制和质量保证人员都已经过必要的上岗前培训和继续培训，并根据实际需要调整培训内容。

三、质量和生产管理负责人的共同职责

1. 批准产品的工艺规程、操作规程等文件。

2. 监督厂区卫生状况。

3. 确保关键设备经过确认。

4. 确保完成生产工艺验证。

5. 确保企业所有相关人员都已经过必要的上岗前培训和继续培训，并根据实际需要调整培训内容。

6. 批准并监督委托生产。

7. 确定、监控物料和产品的贮存条件。

8. 保存记录。

9. 监督 GMP 执行状况。

10. 监控影响产品质量的因素。

第三节　质量保证和质量控制

扫码"学一学"

一、质量保证

质量保证（QA）是质量管理体系的一部分，企业必须建立质量保证系统，同时建立完整的文件体系，以完整的文件形式明确规定质量保证系统的组成及运行，按照适用的保健食品法规和《保健食品 GMP》的要求，涵盖验证、物料、生产、检验、放行和发放销售等所有环节，并定期审计评估质量保证系统的有效性和适用性，以保证系统有效运行。

（一）QA 的基本要求

1. 保健食品的设计与研发体现本规范的要求。

2. 生产管理和质量控制活动符合本规范的要求。

3. 管理职责明确。

4. 采购和使用的原辅料和包装材料正确无误。

5. 中间产品得到有效控制。

6. 确认、验证的实施。

7. 严格按照规程进行生产、检查、检验和复核。

8. 每批产品经质量授权人批准后方可放行。

9. 在贮存、发运和随后的各种操作过程中有保证保健食品质量的适当措施。

10. 按照自检操作规程，定期检查评估质量保证系统的有效性和适用性。

（二）保健食品生产质量保证的基本要求

1. 制定生产工艺，系统地回顾并证明其可持续、稳定地生产出符合要求的产品。

2. 生产工艺及其重大变更均经过验证。

3. 配备所需的资源，至少包括以下几点。

（1）具有适当的资质并经培训合格的人员。

（2）足够的厂房和空间。

（3）使用的设备和维修保障。

（4）正确的原辅料、包装材料和标签。

（5）经批准的工艺规程和操作规程。

（6）适当的贮运条件。

4. 应当适用准确、易懂的语言制定操作规程。

5. 操作人员经过培训，能够按照操作规程正确操作。

6. 生产全过程应当有记录，偏差均经过调查并记录。

7. 批记录和发运记录应当能够追溯批产品的完整历史，并妥善保存，便于查阅。

8. 降低保健食品发运过程中的质量风险。

9. 建立保健食品召回系统，确保能够召回任何一批已发运销售的产品。

10. 调查导致保健食品投诉和质量缺陷的原因，并采取措施，防止类似质量缺陷再次发生。

质量保证贯穿于GMP，以确保保健食品符合其预定用途，并达到规定的质量要求。

（三）《保健食品GMP》新增的质量保证措施

1. 供应商的评估和批准。

2. 变更控制。

3. 偏差管理、超标（OOS）调查。

4. 纠正和预防措施（CAPA）。

5. 持续稳定性考察计划。

6. 产品质量回顾分析。

7. 投诉与不良反应报告。

8. 物料和产品放行等。

这些措施分别从原辅料采购、生产工艺变更、操作中的偏差处理、发现问题的调查和纠正、上市后保健食品质量的持续监控等各个环节保证保健食品生产质量，及时发现影响保健食品质量的不安全因素，主动防范质量事故的发生，以确保持续、稳定地生产出符合预定用途和注册要求的保健食品。

二、质量控制

质量控制（QC）也是质量管理的一部分，是《保健食品GMP》的重要组成部分，企业必须建立有效的质量控制，设置一个或多个实验室，包括车间化验室。实验室配置的设施、仪器、设备和足够的人员按照规定的方法和规程对原辅料、包装材料、中间品和成品进行取样、检查、检验和复核，并对洁净室（区）环境进行监测，以保证保健食品的安全有效。

1. 应当配备适当的设施、设备、仪器和经过培训的人员，有效、可靠地完成所有质量控制的相关活动。

2. 应当有批准的操作规程，用于原辅料、包装材料、中间产品待包装产品和成品的取样、检查、检验以及产品的稳定性考察，必要时进行环境监测，以确保符合本规范的要求。

3. 由经授权的人员按照规定的方法对原辅料、包装材料、中间产品、待包装产品和成品取样。

4. 检验方法应当经过验证和确认。

5. 取样、检查、检验应当有记录，偏差应当经过调查并记录。

6. 物料、中间产品、待包装产品和成品必须按照质量标准进行检查和检验，并有记录。

7. 物料和最终包装的成品应当有足够的留样，以备必要的检查或检验；除最终包装容器过大的成品外，成品的留样包装应当与最终包装相同。

第四节　质量风险管理

扫码"学一学"

质量风险管理（QRM）是通过掌握足够的知识、事实、数据后，前瞻性地推断未来可能会发生的事件，通过风险控制，避免危害发生；有效的质量风险管理可以针对可能发生的问题有更好的计划和对策，以便了解生产过程中的更多内容，可以有效地识别对关键生产过程参数，帮助管理者进行战略决策。

一、质量风险管理的概述

质量风险管理是指在整个产品生命周期中采用前瞻或回顾的方式，对质量风险进行评估、控制、沟通、审核的系统过程。质量风险管理是质量管理方针、程序及规范在评估、控制、沟通和审核风险时的系统应用。包括以下内容：确定和评估产品或流程的偏差或产品投诉对质量造成的潜在的影响，包括对不同市场的影响；评估和确定内部的和外部的质量审计的范围；对厂房设施、建筑材料、通用工程及预防性维护项目，计算机系统的新建或改造的评估；确定、确认、验证活动的范围和深度；评估质量体系，如材料、产品发放、标签或批审核的效果或变化；其他方面的应用。

（一）风险

风险是指危害发生的可能性及其严重程度的综合体；危害是指对健康造成的损害，包括由产品质量（安全性、有效性、均一性、稳定性）损失或可用性问题所导致的危害。对于保健食品而言，主要包括以下几个方面。

1. 生物性　细菌、霉菌、病毒的污染等。

2. 化学性　物料在生产、储存、转运过程中一些致敏物质、有害金属方面的污染和交叉污染等。

3. 物理性　杂质、性状等方面不符合产品质量标准要求。

4. 品质　在规格、装量、产品标志等方面因生产过程中的差错导致的不合格。

风险具有客观性、偶然性、必然性、可变性、可识别性、可控性和可收益性等特征。

(二) 风险管理

风险管理是一个过程，由风险的识别、量化、评价、控制、评审等过程组成，通过计划、组织、指挥、控制等职能，综合运用各种科学方法来保证活动顺利完成。风险管理具有生命周期性，在实施过程的每一个阶段，均应进行风险管理，根据风险变化状况及时调整风险应对策略，实现全生命的动态风险管理。

二、质量风险管理的基本程序

保健食品的质量风险管理是在保健食品的整个生命周期对产品质量的风险进行评估、控制、沟通和审核的系统过程。

保健食品的生命周期是指从保健食品研发开始，到注册批准、生产批准、上市销售及上市后监测和再评价直至退市的整个过程，主要由研发阶段、生产阶段、流通阶段、使用阶段、上市后监测阶段组成。保健食品的质量风险管理贯穿于质量和生产的各个方面。

保健食品质量风险管理是指在以上的各个环节中都有各自的风险需要进行风险管理，并且均按照图 2-2 流程管理。

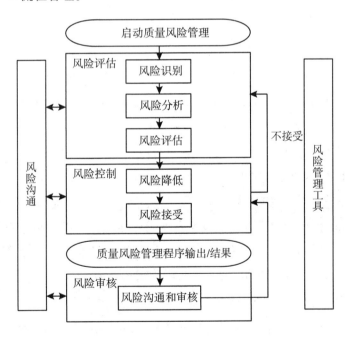

图 2-2　质量风险管理模式图

根据质量风险管理的模式图，质量风险管理流程可以概括为以下基本步骤。

（一）风险识别（risk identification）

确定事件并启动质量风险管理。系统地运用信息来辨识危险因素，这些信息可能包括历史数据、理论分析、意见以及基于风险涉众的考虑。风险识别主要是关注"什么可能出错"这个问题，包括识别可能的结果。质量风险管理有一个系统化的流程，以协调、改善与风险相关的科学决策。启动和规划一个质量风险管理包括下列步骤。

1. 确定问题和（或）风险提问，包括风险潜在性的有关假设。

2. 收集与风险评估相关的潜在危害源，或对人类健康产生影响的背景信息与资料。

3. 明确决策者如何使用信息、评估和结论。

4. 确立领导者和必要的资源。

5. 提出质量风险管理进程的日程和预期结果。

在此阶段清楚地确定风险的问题或事件对 QRM 的结果有很重要的影响。通常需要考虑的风险包括对消费者的风险，产品不符合标准要求的风险，法规不符合的风险等。在此阶段还需收集背景信息，并确定 QRM 项目小组人员及资源配置等。用于识别风险的信息可以包括历史数据、理论分析、成型的意见，以及影响决策的一些利害关系等。

（二）风险分析（risk analysis）

在进行风险分析时，要评估风险发生和重现的可能性，也可以考虑测定风险发生或重现的能力。针对不同的风险项目需选择应用不同的分析工具。

选择风险评估的工具如下。

1. 确定风险的因素，如发生的可能性、危害的严重性、可测量性。

2. 界定风险因素的范围。

3. 界定风险的类型或确定风险的矩阵。

4. 确定采取的行动。

（三）风险评估（risk evaluation）

应用风险评估的工具进行风险评价，风险评价可以确定风险的严重性，将已识别和分析的风险与预先确定的可接受标准比较。可以应用定性和定量的过程确定风险的严重性。风险评估的结果可以表示为总体的风险值，例如：定量的表示为具体的数字，如 0 ~ 10（0% ~ 100%）；或定性的表示为风险的范围，如高、中、低。

（四）风险降低（risk reduction）

确定风险降低的方法。当风险超过可接受的水平时，风险降低将致力于减少或避免风险。包括采取行动降低风险的严重性或风险发生的可能性；应用一些方法和程序提高鉴别风险的能力。需要注意的是，风险降低的一些方法可能给系统引入新的风险或显著提高其他已存在的风险，因此风险评估必须重复进行以确定和评估风险的可能的变化。

（五）风险接受（risk acceptance）

确定可接受的风险的最低限度。设计理想的 QRM 策略来降低风险致可接受的水平。这个可接受水平由许多参数决定，并应该具体情况具体对待。

（六）风险沟通和审核（ongoing risk review）

当应用 QRM 时，应有必要的风险沟通以及文件记录和批准。QRM 的决定或行动基于当时的条件下做出，QRM 结果应根据新知识、新环境而更新，根据风险控制项目及水平在必要时进行回顾。

三、质量风险管理的方法

进行质量风险评估时，针对不同的风险项目或数据可选择不同的风险评估工具和方法。以下介绍几种常用的风险评估工具。

（一）常用统计工具

用于收集或组织数据、构建项目管理等，包括流程图、图形分析、鱼骨图、检查列表等。

1. 风险评估的鱼骨图 如图 2 – 3 所示。

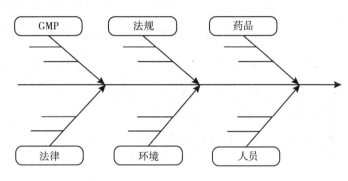

图 2 – 3 风险评估的鱼骨图

2. 风险评估的统计分析 这些技术分析数据可用于汇总数据、分析趋势等，以帮助完成不复杂的质量偏差、投诉、缺陷等的风险管理。

（二）失败模式效果分析

失败模式效果分析（failure mode effects analysis，FMEA）是一种对工艺的失败模式及其对结果和（或）产品性能的可能产生的潜在影响的评估。一旦失败模式被建立，风险降低就可被用来消除、减少或控制潜在的失败。这有赖于对产品和过程的理解。FMEA 合理地对复杂的过程进行分析，将其分解为可操作的步骤。在总结重要的失败模式，分析引起这些失败和因素，以及这些失败的潜在后果方面，FMEA 是一个强有力的工具。

FMEA 工具依赖于对产品和流程的深入了解，针对每种失败模式确定相应的风险得分。FMEA 排列标准和失败得分举例如下。

$$严重性 \times 可能性 \times 可测定性 = 风险得分$$

FMEA 评分见表 2 – 1。

表 2 – 1 失败模式效果分析（FMEA）评分

序号	严重性	发生的频率	可测量性	风险得分
1	潜在的次要伤害，但不是永久的伤害；次要的药政法规问题且可以改正	独立发生	很容易被鉴别的风险，并可采取行动避免	1

续表

序号	严重性	发生的频率	可测量性	风险得分
2	潜在的严重伤害，但不是永久的伤害；显著的药政法规问题	发生的可能性中等	中等	8
3	潜在的死亡或永久的伤害；主要的药政法规问题	某种程度上不可避免	不容易被鉴别的风险，不易采取行动避免	27

失败模式效果分析的矩阵见表2-2。

表2-2　失败模式效果分析的矩阵

风险	行动	风险得分
高	此风险必须降低	12，18，27
中	此风险必须适当地降至尽可能低	8，9
低	考虑费用和收益，此风险必须适当地降至尽可能低	3，4，6
微小	通常可以接受的风险	1，2

FMEA可被用来排列风险的优先次序，监控风险控制行为的效果。

FMEA可被用于设备和设施中，也可用于分析生产过程，以确定高风险步骤或关键参数。FMEA的评价结果是每一种失败模式的相对风险性"分数"，这种"分数"被用于评价风险模式的等级。

四、危害分析及主要控制点

危害分析及主要控制点（HACCP）是一个系统性、前瞻性和预防性的，用于确保产品质量、可靠性和安全性的方法，应用于了解技术和科学的原理分析、评估、预防和控制风险，或与设计、开发、生产和产品使用有关的危害的负效应。

HACCP共有7步，该工具的应用需基于对过程或产品有深刻的理解。

1. 列出过程中每一步的潜在危害，进行危害分析和控制。

2. 确定主要控制点。

3. 对主要控制点建立可接受限度。

4. 对主要控制点建立监测系统。

5. 确定出现偏差时的正确行动。

6. 建立系统以确定HACCP被有效执行。

7. 确定所建立的系统被持续维持。

HACCP用于产品的物理、化学性质等危害分析，只有对产品及过程有全面的了解和认识时，方可正确地确定控制点，其输出结果可推广用于不同产品的生命周期阶段。

HACCP可以用来确定和管理与物理、化学和生物学危害源（包括微生物污染）有关的风险。当对产品和工艺的理解足够深刻，足以支持危机控制点的设定时，HACCP是最有效的。HACCP分析的结果是一种风险管理工具，有助于监控生产过程的关键点。

五、过失树分析

过失树分析（fault tree analysis，FTA）是鉴别假设可能会发生过失的原因分析方法，是用于确定引起某种假定错误和问题的所有根本性原因的分析方法，这种方法一次只评价一个系统（或子系统）错误，但是它也能通过识别因果链，将多个导致失败的原因结合起来。其结果可以通过过失模式的树装图形式来表示，如图 2-4 所示，在树状图的每一级，过失模式的结合方式通过逻辑符号（AND、OR 等）来描述。FTA 依赖于专家们对工艺的理解，以确定错误因素。

FAT 结合过失产生原因的多种可能假设，基于对过程的认识做出正确的判断。

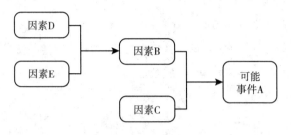

图 2-4　过失树分析图

这种方法可被用于建立一个途径以找到错误的根源。在对投诉或者偏差进行调查时，可以利用 FTA 充分了解造成错误的根本原因，确保针对性改进方法能根本性地解决一个问题，而不引起其他问题。过失树状分析是一个评估多种因素如何影响一个既定结果的好方法。FTA 的分析结果既包括了对错误模式的一种形象化描述，又包括了对每一个错误模式发生可能性的量化评估，它在风险评估及设计阶段的监控程序中都十分有用。

> **? 思考题**
>
> 1. QA 包括哪些内容？基本要求是什么？
> 2. QC 包括哪些内容？基本要求是什么？
> 3. QMS、QA、QC、GMP 之间的关系？
> 4. 质量管理部门的主要职责有哪些？
> 5. QRM 有哪些内容？

（蔡良平）

第三章 机构与人员

第一节 人力资源开发与管理

扫码"学一学"

保健食品企业必须有相关的专业技术人员来完成本企业所应承担的全部任务；每个人都应清楚自己的责任，应以文件形式记录人员的职责。

一、人员的重要性

人员在GMP的实施中是非常重要的，保健食品的卫生质量取决于生产全过程中全体人员的共同努力。对于一个企业来说，即使有了好的硬件和完善的软件，但没有高素质的人员去实施，或者由于人的因素而实施不好，那么好的硬件和完善的软件也是无法发挥其作用的。因此，人员管理是保健食品企业最重要的管理。

二、人员的素质

保健食品生产企业中员工素质的高低对于企业推行GMP起着决定性的作用，因此，保健食品企业要坚持以人为本的原则，根据本企业的实际情况和组织机构对人员的需要，引进各种专业人才，重视员工素质的不断提高。《保健食品GMP》中对人员的素质要求是最起码的标准，应该把素质教育和人才培养作为企业发展的战略目标来实施，努力使GMP成为员工的生活方式。卫生、安全是保健食品的生命，也是一个企业生存与发展的根本动力。如何提高企业全体员工的素质对质量体系的有效运行起着极为重要的作用。因此，企业务必重视加强全员教育培训，提高全体员工的卫生意识、质量意识、专业技术管理意识。提升保健食品生产企业人员素质的方法之一是GMP的培训。

第二节　组织机构与员工职责

我国《保健食品 GMP》在人员方面强调"保健食品生产企业必须具有与所生产的保健食品相适应的具有医药学（或生物学、食品科学）等相关专业知识的技术人员，以及具有生产和组织能力的管理人员。专职技术人员的比例应不低于职工总数的 5%"。

一、组织机构

组织机构是发挥管理功能、实现管理目标的工具，成功的组织机构设置会帮助生产单位顺利实现生产管理中的计划、组织、指挥、协调、控制等职能，形成整体力量的汇聚放大，使生产管理工作更加卓有成效。药品生产和质量管理的组织机构对保证药品生产全过程受控至关重要，企业管理者负责建立适合的组织架构，赋予质量管理体系发挥职能的领导权，并明确相应的人员职责和授权，为生产出合格产品所需要的生产质量管理提供保障。组织架构包括职责以及各级职能部门之间的关系，应将组织架构形成书面文件，一般用组织机构图示意。

企业组织机构的设置没有固定的模式，企业需要根据自身的特点，如企业规模、质量目标、职责分配等，来建立合适的组织机构，以确保质量体系的有效运行。某保健食品公司的组织机构构成如图 3 - 1 所示。

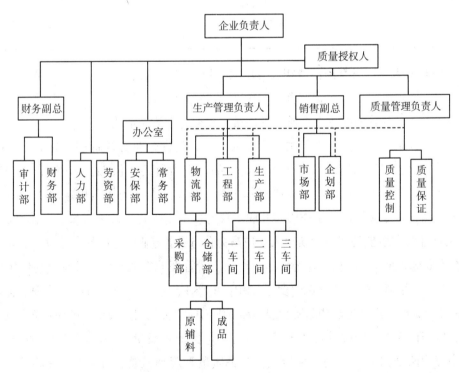

图 3 - 1　某保健食品公司的组织机构图

二、不同岗位人员的素质要求

保健食品的生产比一般食品的生产有更高的技术和质量要求，根据不同人员所发挥的作用不同，《保健食品 GMP》对保健食品企业的技术负责人、生产和质量部门负责人、专职技术人员、质检员和一般从业人员提出了不同的资格要求。关键人员和生产操作及检验人员的相关资质和能力见表3-1。

表3-1 关键人员和生产操作及检验人员资质和能力表

人员	要求	个人学历	工作经验	所接受的培训	能力要求	备注
关键人员	企业负责人	≥从事专业相适应的大专的以上学历或相应学历	具有从事保健品生产和质量管理的实践经验	接受过与所生产产品相关的专业知识培训	保健食品质量的主要负责人；提供必要的资源配置，合理计划、组织和协调	企业负责人不干扰和妨碍质量管理部门独立履行期职责，确保质量授权人的独立性，企业负责人和其他人员不得干扰其独立履行职责
	生产管理负责人	≥从事专业相适应的大专以上学历，或中级专业技术职称	≥3年从事保健食品生产和质量管理的实践经验	接受过与所生产产品相关的专业知识培训	确保保健食品按生产工艺规程和操作规程生产、贮存、以保证保健食品质量	生产管理部门和质量管理部门负责人不得相互兼任
	质量管理负责人	≥从事专业相适应的大专以上学历，或中级专业技术职称	≥3年从事保健食品生产和质量管理的实践经验	接受过与所生产产品相关的专业知识培训	确保相关物料和产品符合注册要求和质量标准	
保健食品质量检验人员		≥中专以上学历	基础理论水平和实际操作能力	经过专业技术培训。身体健康状况必须符合保健食品生产规定要求	质量检验人员应通过专门的技术培训	保健食品质量检验人员

1. 企业负责人 应具有医药或相关专业大专以上或相应的学历，并具有保健食品生产及质量、卫生管理经验，对《保健食品GMP》的实施及产品质量负责。具有独立指挥、协调工作的能力，以及较强的业务素质、管理素质和综合素质及能力。

企业负责人是保健食品质量的主要责任人，全面负责企业日常管理，为确保企业实现质量目标并按照生产质量管理要求生产保健食品，应当负责提供必要的资源，合理计划、组织和协调，保证质量管理部门独立履行其职责。对其他人员的资质规定主要体现在所接受的培训方面，企业应根据其工作内容和职责自行规定相应的个人学历和工作经验要求。

2. 生产部门和质量管理部门负责人 应当具有与从事专业相适应的大专以上学历，或中级专业技术职称，至少3年从事保健食品生产和质量管理的实践经验，接受过与所生产产品相关的专业知识培训。能够按《保健食品GMP》的要求组织生产或进行品质管理，有能力对保健食品原料采购、产品生产和品质管理等环节中出现的实际问题做出正确的判断和处理。

企业应当设立独立的质量管理部门，履行质量保证和质量控制的职责。质量管理在生产企业中分为两个部分，一是质量检验，二是质量管理和监督，并与生产部门完全分开，职责也不同。质量管理部门可以分别设立质量保证部门和质量控制部门。

3. 质量检验人员 必须是专职的质检人员，应具有中专以上学历，熟悉所从事的检验业务知识，包括检验标准、操作规程、仪器的使用保管、维修保养和数据处理等。在检验项目出现不合格情况时，能在自己专业和工作范围内寻找、分析原因。

4. 采购人员 必须熟悉本企业所用的各种物料的品种及其相关的卫生标准、卫生管理办法及其他相关法规，了解各种物料可能存在的卫生及其他质量问题；应掌握必要的感官检查方法以及鉴别物料是否符合质量、卫生要求的知识和技能。

5. 仓储人员　必须熟悉各种原辅料、半成品、成品的仓储要求（包括温度、湿度等），仓储中常见的卫生问题；应掌握必要的感官检查方法和鉴别原辅料、半成品、成品是否符合质量、卫生要求的知识和技能。

从事保健食品生产的各级人员上岗前必须经过卫生法规教育及相应技术培训，其中包括与本岗位有关的 GMP 原则和知识。

关于人员的要求，除了对专业、学历、工作经验以及专业技术知识、岗位技能等有所规定外，还对从事保健食品生产的人员的职业道德方面有所要求，即从事保健食品生产的有关人员，必须有认真工作的态度和对人民健康负责的精神，不得从事生产和销售假冒伪劣保健食品的活动。

三、主要岗位人员的职责

1. 企业质量授权人岗位职责

（1）对公司保健食品的生产和质量负全面责任，保证公司执行国家有关保健食品的法律、法规和行政规章。

（2）负责建立、健全公司质量管理体系，加强对业务经营人员的质量教育，保证公司质量管理方针和质量目标的落实和实施。

（3）负责签发保健食品质量管理制度及其他质量文件，负责处理重大质量事故，定期组织对质量管理制度的执行情况进行考核。

（4）负责对保健食品首营企业和首营品种的审批，对公司购进的保健食品质量有裁决权。

（5）负责定期开展质量教育和培训工作，每年组织一次全员身体检查，建立员工健康档案。

2. 卫生管理员岗位职责

（1）认真学习和贯彻执行国家有关保健食品的法律、法规和行政规章，严格遵守企业质量和卫生管理的规章制度，对保健食品的卫生管理工作负直接责任。

（2）按时做好营业场所和仓库的清洁卫生工作，保持内外环境整洁，保证各种设施、设备安全有效。

（3）负责监督做好营业场所和仓库的温湿度检测和记录，保证温湿度在规定的范围内，确保保健食品的质量。

（4）保证保健食品的经营条件和存放设施安全、无害、无污染，发现可能影响保健食品质量的问题时应立即加以解决，或向企业负责人报告。

3. 购销人员岗位职责

（1）严格遵守国家有关保健食品的法律、法规和各项政策，遵守企业各项质量管理的规章制度，特别是采购和销售方面的管理制度。

（2）采购人员应择优采购，严禁从证照不全的公司或厂家进货。

（3）对购进的保健食品应按照合同规定的质量条款，认真检查供货单位的《卫生许可证》《工商执照》和保健食品的《批准证书》《检验合格证》，对保健食品逐件验收。

（4）销售人员应确保所售出的保健食品在保质期内，并应定期检查在售保健食品的外观性状和保质期，发现问题立即下架，同时向质管部报告。

（5）销售时应正确介绍保健食品的保健作用、适宜人群、使用方法、食用量、储存方法和注意事项等内容，不得夸大宣传保健作用，严禁宣传疗效或利用封建迷信进行保健食品的宣传。

（6）营业员应每天上下午各一次做好营业场所的温湿度检测和记录，如温湿度超出范围，应及时采取调控措施，以确保保健食品的质量。

（7）营业员应经常注意自己的身体状况，当患有痢疾、伤寒、病毒性肝炎等消化道传染病（包括病原携带者），活动性肺结核，化脓性或渗出性皮肤病、精神病以及其他有碍食品卫生的疾病时，应立即停止工作并向主管负责人报告。

（8）营业员应热心为顾客服务，随时听取顾客的意见和建议，及时改进工作并向上级领导反馈信息。

4. 生产管理部门岗位职责

（1）按文件已批准的生产规程生产操作。

（2）按书面程序起草、审核、批准和分发各种生产规程。

（3）审核所有的批生产记录，确保记录完整且已签名。

（4）确保厂房和设备的维护、保养和清洁，并有相应记录。

（5）确保产品、工艺和设备的变更已验证。

（6）确保验证方案、报告已审核和批准。

5. 质量管理部门岗位职责

（1）批准质量标准、取样方法、检验方法和其他质量管理的操作规程。

（2）保证原辅料、包装材料、中间体产品、待包装产品和成品符合注册批准的要求和质量标准。

（3）审核和批准所有与质量有关的变更。

（4）确保所有重大偏差和检验结果超标已经过调查并取得及时处理。

（5）完成产品的持续稳定性考察计划，提供稳定性考察数据。

（6）确保完成产品质量回顾分析。

（7）评估和批准物料供应商。

第三节　人员的教育和培训

一、人员的健康卫生管理

扫码"学一学"

我国《保健食品 GMP》中规定："从业人员必须进行健康检查，取得健康证后方可上岗，以后每年须进行一次健康检查。从业人员必须按照 GB 14881 的要求做好个人卫生。"除了《食品企业通用卫生规范》（GB 14881—2013）中的要求外，保健食品生产企业在进行人员的健康和卫生管理时，也可借鉴《欧共体药品 GMP 指南》中对个人卫生的要求。

1. 根据不同的场内情况，需要制定出合适、详细的卫生管理规程，包括有关人员卫生行为、衣着等内容。

2. 在人员招聘时，应进行体检。人员健康状况对于产品质量至关重要，企业必须建立相关的体检规程。

3. 应当采取措施，确保传染病患者、体表具有开放伤口的人员不从事产品直接暴露的生产操作。

4. 每一个进入生产区的人员，都应该穿戴适合其岗位操作的防护工作服。

5. 严禁在生产区和储存区进食、吸烟，以及储存食物、饮料、香烟或个人用品。

6. 操作者的双手应避免直接接触产品以及与产品接触的设备的任何部分。

7. 应当教会员工正确使用洗手设施。

上述的规定表明，除了身体健康以外，生产人员还必须具有良好的卫生习惯。

二、人员的培训管理

提高人员素质、培养一支高素质的员工队伍非常重要。各级管理人员、经营人员均应按《中华人民共和国食品卫生法》和《保健食品管理办法》的规定，根据各自的职责接受培训教育。国外 GMP 强调"人员应受过教育、经过培训及具有必要的工作经验"。这体现了人员素质的三个方面：教育、培训和经验。因此，保健食品生产企业要建立人员培训管理制度、业余学习管理制度、人员考核聘用制度，制定企业职工教育及培训规划。《保健食品 GMP》特别规定："从业人员上岗前必须经过卫生法规教育及相应技术培训，企业应建立培训考核档案，企业负责人及生产、品质管理部门负责人还应接受省级以上卫生监督部门有关保健食品的专业培训，并取得合格证书。"

（一）培训内容

教育培训的目的在于使全体员工提高卫生意识、质量意识，掌握提高产品卫生质量的有关知识和技能。企业应有计划、分层次、有针对性地开展全员教育培训，内容包括：卫生教育、质量教育、安全教育、专业技术和管理技术教育、生产工人应知应会的岗前培训等，要做到先培训、后上岗，以适应岗位的需要。教育管理部门应归口负责制订各类人员的教育培训计划。

1. 有关法律、法规、规章的培训　保健食品生产企业在进行人员培训时，可以根据被培训人员的岗位特点从下述的国家法律、法规、规章、标准等中选取适宜的内容进行培训。

（1）《中华人民共和国食品卫生法》（于 2015 年 4 月 24 日第十二届全国人民代表大会常务委员会第十四次会议通过）。

（2）《中华人民共和国产品质量法》（于 2000 年 7 月 8 日第九届全国人大常委会第十六次会议通过）。

（3）《保健食品注册与备案管理办法》（于 2016 年 2 月 4 日原国家食品药品监督管理总局局务会议审议通过）。

（4）《卫生部关于进一步规范保健食品原料管理的通知》（卫法监发〔2002〕第 51 号）。

（5）《食品企业 HACCP 实施指南》（卫法监发〔2002〕第 174 号）。

（6）《保健食品良好生产规范审查方法和评价准则》（卫法监发〔2003〕第 77 号）。

（7）其他现行的有关法律、法规、规章等。

2. 有关标准的培训内容　包括其他现行的有关国家或行业标准。

（1）《预包装食品标签通则》（GB 7718—2011）。

（2）《生活饮用水卫生规范》（GB 5749—2006）。

（3）《洁净厂房设计规范》（GB 50073—2013）。

（4）《保健食品良好生产规范》（GB 17405—1998）。

3. 专项知识、技能培训 应对企业各级行政领导者、技术人员和管理人员、生产班组长和操作工人进行教育培训。

（1）行政领导者 应进行 GMP、HACCP 等质量体系方面的培训，使他们具有高度的卫生意识、质量意识、管理意识和改进意识；懂得建立 GMP、HACCP 等质量体系的意义和内容，以及决策人员所起的关键作用；掌握体系运行的有关组织技术、方法及评价体系有效性的准则。

（2）技术人员和管理人员 应进行专业知识和管理知识的培训，使他们在各自的岗位上，认真实施 GMP、HACCP 等质量体系所规定的各项质量活动。

（3）生产班组长和操作工人 企业必须对所有生产班组长和操作工人，全面进行生产所需的知识、技能和方法的培训。

（二）培训计划

1. 保健食品企业每年都应制订对员工培训的书面计划，其内容包括：培训日期、名称、内容、课时、对象、讲课人、考核形式及负责部门等。

2. 培训计划的制订既可以由上而下编写，也可以由下而上编写，然后由企业统一汇总，形成整个企业的完整计划。

3. 培训计划必须由企业主管领导批准，颁发至有关部门。

（三）培训计划的实施

1. 培训内容 岗位专业培训、GMP 培训、HACCP 培训、卫生和微生物学基础知识培训、洁净作业培训和食品法规方面的培训等。

2. 培训形式 可以多种多样，但要讲求实效。

3. 培训时间 每次培训时间多少，可根据培训内容决定。

4. 培训考核 接受培训的员工，经培训后应立即进行考核，考核形式可以是笔试，也可采用口头考核。

（四）培训档案

1. 企业对员工进行培训，应设立员工个人培训档案，记录员工每次培训的情况，以便日后对员工进行考察。

2. 企业应有培训记录。

? 思考题

1. 保健食品生产企业组织机构中各部门之间有什么关系？

2. 保健食品企业生产部门职责有哪些内容？

3. 保健食品企业人员的健康卫生管理有哪些内容？

4. 保健食品企业人员的培训有哪些内容？

5. 保健食品企业人员的健康检查规定有哪些内容？

实训一 制定员工体检管理规程

×××有限公司 GMP 文件

题目：员工体检管理规程				
编码：		起草：		日期：
审核：	日期：	批准：		日期：
生效日期：		共 页		
部门名称：行政部		分发部门：公司各部门		
变更记录：				

一、实训目的

为贯彻生产质量管理，明确人员体检有关规定，保证保健食品生产质量，特制定本规程。

二、实训范围

适用于公司所属各部门全体员工。

三、实训职责

行政部负责组织新员工体检，每年按要求组织员工体检，并对健康异常员工及时采取措施。

四、实训内容

1. 人员健康检查规定

（1）凡是从事直接接触保健食品生产的每一位员工，不得有传染病、隐性传染病、化脓性或者渗出性皮肤病和精神病；在洁净区内从事保健食品生产和现场管理的员工除达到上述规定外，体表不得有伤口及药物过敏症。具体健康要求如下。

健康状况	不适合岗位
传染病（包括隐性传染病）、精神病、化脓性或者渗出性皮肤病、体表有伤口者	直接接触保健食品的生产人员
传染病（包括隐性传染病）、精神病、化脓性或者渗出性皮肤病、体表有伤口者及对产品质量存有潜在不利影响者	质量检验人员、实验动物工作人员
裸视力 0.9 以下	灯检工、化验员、质监员
色弱	化验员、仓管员、质监员、材料员、包衣工、压片工、灯检工
过敏	会产生过敏的工种

（2）体检管理

①体检项目

a. 呼吸系统检查（包括胸部 X 光透视等）。

b. 消化系统检查（包括粪便检查等）。

c. 皮肤病方面的检查。

d. 肝功能检查。

e. 其他必要的检查。

②体检频次

a. 新员工进厂前必须进行全面的身体检查，只有身体检查全部合格的员工方可考虑录用，否则不予录用。

b. 直接从事保健食品生产和现场管理的员工，每年必须按体检范围要求进行一次体检；其他员工必须每两年按体检范围要求进行一次体检，体检合格方能继续从事其岗位的工作，体检不合格者必须立即停止工作，调离岗位。

③工作程序

a. 新员工体检由行政人事部负责组织到指定医院体检。

b. 员工每年常规体检由各部门组织人员，行政部定期联系体检医院并组织体检。凡体检合格者，由体检医院发放健康证及相关体检原始资料，存入本人健康档案。体检不合格者，按下述"员工健康异常处理程序"办理。

④员工健康异常处理程序

a. 凡员工常规体检不合格者，由行政部填写《员工健康异常申报表》，说明健康异常原因、建议处理意见，报员工的原部门主管签署意见。

b. 《员工健康异常申报表》经异常员工部门主管签署意见后，由分管副总经理审核，总经理批准。

c. 经总经理批准的《员工健康异常申报表》由行政部执行，并归入员工个人档案。

d. 立即停止患病员工的工作，调离岗位，让其回家休息。

e. 有传染病发生的岗位，凡与之有关的可能感染的员工均应体检。

f. 对传染病患者所在的岗位环境、设备、设施、用具等立即采取有效的消毒措施，并且对人员、环境、设备、用具等进行特殊强化的监控，以便有效地防止传染病蔓延。

2. 体检合格证上岗规定　所有员工需持体检合格证上岗。

3. 重新上岗规定　因病离岗的员工在疾病痊愈、身体恢复健康后，应持公司指定医院医生所开具的健康合格证明方可重新上岗。

（杨凤琼）

第四章　厂房与设施

　　硬件设施是保健食品生产的基本条件。保健食品生产企业的厂房设施主要包括：厂区建筑物实体（含门、窗）；道路；绿化草坪；围护结构；生产厂房的附属公用设施，如洁净空调和除尘装置；照明；消防喷淋；上、下水管网；洁净公用工程，如纯化水；注射用水；洁净气体的产生及其管网等。对以上厂房设施的设计，直接关系到保健食品质量。

　　GMP 的核心就是防止食品生产过程中污染、交叉污染以及混淆、差错。本章将从厂址的选择和总体布局，工艺布局，空调净化调节设施，室内装修，仓储区、质量控制区与辅助区，实验动物饲养区六个方面，通过质量法规风险和技术风险的评估，设计和实施 GMP 的相关规范条款。保健食品工业洁净厂房设施的设计除了要严格遵守 GMP 的相关规定之外，还必须符合国家的有关政策，执行现行有关的标准、规范，符合实用、安全、经济的要求，节约能源和保护环境。在可能的条件下，积极采用先进技术，既要满足当前生产的需要，也要考虑未来的发展。对于现有建筑技术改造项目，要从实际出发，充分利用现有资源。

　　用于保健食品生产的设施，应以满足现行 GMP 为最基本的要求，并在此基础上进行优化，以满足生产的要求及企业的商业利益。优化的设施设计与厂区的实际情况、生产的具体要求、生产方式、设备的选择等紧密相关。因此没有所谓的"放之四海而皆准"的优化的设施设计。

第一节　厂址的选择和总体布局

一、厂址的选择

　　厂址选择是一项包括社会关系、经济因素，且技术性很强的综合性工作。厂址选择是

扫码"学一学"

保健食品生产企业开办必须首先进行的重要决策，对企业未来的发展具有决定性的意义，也是保健食品生产企业能否顺利实施 GMP 的基础。选择厂址时，应按照国家方针政策、法律、法规以及 GMP 规范要求，从生产条件和经济效果等方面出发，满足区域性特色食品以及绿色食品和有机食品对厂址的一些特殊要求。根据以上原则和要求，食品生产企业在进行厂址选择时应从以下几方面考虑。

（一）符合国家方针政策

必须遵守国家的法律、法规，符合国家和地方的长远规划和行政布局、国土开发整体规划、城镇发展规划，应尽量设在当地的规划区或开发区内，以适应当地远近期规划的统一布局，正确处理工业与农业、城市与乡村、远期与近期以及协作配套等各种关系，并因地制宜，节约用地，不占或少占耕地及林地，注意资源合理开发和综合利用；节约能源，节约劳动力；注意环境友好和生态平衡；保护风景和名胜古迹；并提供多个可供选择的方案进行比较和评价。

（二）符合生产条件需求

1. 从原料供应和市场销售方面考虑　我国具体情况为保健食品加工多数是以农产品为主要原料的生产企业，一般倾向于设在原料产地附近的大中城市的郊区，因为选择原料产地附近的地域可以保证获得足够数量和高品质的新鲜原材料。同时保健食品生产过程中还需要工业性的辅助材料和包装材料，这又要求厂址选择要具有一定的工业性原料供应方便的优势。

2. 从地理和环境条件考虑　地理环境要能保证保健食品工厂的长久安全性，而环境条件主要保证保健食品生产的安全卫生性。

（1）所选厂址必须要有可靠的地理条件，特别是应避免将工厂设在流沙、淤泥、土断裂层上，尽量避免特殊地质如溶洞、湿陷性黄土、孔性土等。在山坡上建厂则要注意避免滑坡、塌方等。同时厂址不应选在受污染河流的下游，还应尽量避免选在古墓、文物区域、风景区和机场附近建厂，并避免高压线、国防专用线穿越厂区。同时厂址要具有一定的地耐力，一般要求不低于 $2 \times 10^5 \, N/m^2$。

（2）厂址所在地区的地形要尽量平坦，以减少土地平整所需工程量和费用；也方便厂区内各车间之间的运输，厂区的标高应高于当地历史最高洪水位 0.5～1 m，特别是主厂房和仓库的标高更应高于历史洪水位，厂区自然排水坡度最好在 0.004～0.008。建筑冷库的地方，地下水位更不能过高。

（3）所选厂址附近应有良好的卫生条件。避免有害气体、放射性源、粉尘和其他扩散性的污染源，特别是对于上风向地区的工矿企业、附近医院的处理物等，要注意它们是否会对食品工厂的生产产生危害，不同场所空气情况见表 4-1、表 4-2。

表 4-1　大气中的含尘浓度

场所	浓度（mg/m³）	含尘（微粒≥0.5 μm）浓度（个/m³）
市中心	0.1～0.35	(15～35)×10⁷
市郊	0.05～0.3	(8～20)×10⁷
田野	0.01～0.1	(4～8)×10⁷

表 4-2 城市空气的含菌浓度

场所	人流、车辆、绿化情况	浮游菌浓度(个/m³)
火车站	人多、车多、绿化差	4.97×10^4
商业区	人多、车多、无绿化	4.40×10^4
公园	人多、绿化好	6.98×10^3
植物园	人少、树木茂密	1.05×10^3

（4）所选厂址面积的大小，应在满足生产要求的基础上，留有适当的空余场地，以考虑作为工厂进一步发展之用。

（5）保健食品对其加工过程的周围环境有较高的要求，保健食品加工企业的场地周围不得有废气、污水等污染源，一般要求厂址与公路、铁路有 300 m 以上的距离，并要远离重工业区，如在重工业区内选址，要根据污染情况，设 500~1000 m 的防护林带，如在居民区选址，25 m 内不得有排放烟（灰）尘和有害气体的企业，50 m 内不得有垃圾堆或露天厕所，500 m 内不得有传染病医院；厂址还应根据常年主导风向，选在有污染源的上风向，或选在居民区、饮用水水源的下风向。特别是会排放大量污水、污物的屠宰厂和肉食品加工厂等，要注意远离居民区和风向位置的选择。

（6）对保健食品加工企业本身，其"三废"应得到完全的净化处理，厂内产生的废弃物，应就近处理。废水经处理后排放，并尽可能对废水、废渣等进行综合利用，做到清洁化生产。附近最好有承受废水流放的地面水体，不得成为周围环境的污染源，破坏生态平衡。

（三）符合投资和经济效益要求

1. 运输条件 所选厂址应有较方便、快捷的运输条件（公路、铁路及水路）。若需要新建公路或专用铁路时，应选最短距离为好，这样可减少投资。

2. 供电、供水条件 要有一定的供电、供水条件，以满足生产需要为前提。同时必须要有充足的水源，而且水质应较好。在城市一般采用自来水，均能符合饮用水标准；若采用江、河、湖水，则需加以处理；若要采用地下水，则需向当地了解，是否允许开凿深井，必须注意水质是否符合饮用水要求。

3. 生活条件 厂址附近最好有居民区，这样可以减少宿舍、商店、学校等职工的生活福利设施的投资，使其社会化。

二、厂址选择工作

（一）准备

厂址选择工作由项目建设的主管部门会同建设、工程咨询、设计及其他部门的人员共同完成，收集同类型保健食品工厂的有关资料，根据批准的项目建议书拟出选厂条件，按建厂条件收集设计基础资料。

1. 根据项目建议书提出的产品方案和生产规模拟出工厂的主要生产车间、辅助车间、公共工程等各个组成部分，估算出生产区的占地面积。

2. 根据生产规模、生产工艺要求估算出全厂职工人数，由此估算出工厂生活区的组成和占地面积。

3. 根据生产规模估算主要原辅料的年需要量、产品产量及其所需的相应设施，如仓库、交通车辆、道路设施布局等。

4. 根据工厂排污（包括废水、废气、废渣）预测的排放量及其主要有害成分，预计可能需要的污水处理方案及占地面积。

5. 根据上述各方面的估计与设想，包括工厂今后的发展设想，收集有关设计基础资料，包括地理位置地形图、区域位置地形图、区域地质、气象、资源、水源、交通运输、排水、供热、供汽、供电、弱电及电信、施工条件、市政建设及厂址四邻情况等，勾画出所选厂址的总平面简图，并注出图中各部分的特点和要求，作为选择厂址的初步指标。

（二）现场调查

通过广泛深入的调查研究，获得现场建厂的客观条件、建厂的可能性和现实性，其次通过调查核实准备阶段提出的建厂条件是否具备以及收集资料齐全与否，最后通过调查取得真实的直观形象，并确定是否需要进行勘测工作等。

1. 根据现场的地形和地质情况，研究厂区自然地形利用和改造的可能性，以及确定原有设施的利用、保留和拆除的可能性。

2. 研究工厂组成部分在现场有几种设置方案及其优缺点。

3. 拟定交通运输干线的走向和厂区主要道路及其出入口的位置，选择并确定供水、供电、供汽、给排水管理的布局。

4. 调查厂区历史上洪水发生情况，地质情况及周围环境状况，工厂和居民的分布情况。

5. 了解该地区工厂的经济状况和发展规划情况。

现场调查是厂址选择工作中的重要环节，对厂址选择起着十分重要的作用，一定要做到细致深入。

（三）选择方案

此阶段的主要工作内容是对前面两阶段的工作进行总结，并制订几个可供比较的厂址选择方案，通过各方面比较论证，提出推荐厂址选择方案，写出厂址选择报告，报请相关主管部门批准。常见的比较方法有方案比较法、评分优选法、最小运输费用法和追加投资回收期法。

三、厂址选择报告

在选择厂址时，应尽量多选几个点，根据以上所描述的几个方面进行分析比较，从中选出最适宜者作为厂址，而后向相关部门呈报厂址选择报告。厂址选择报告的内容大致如下。

（一）概述

1. 说明选址的目的与依据。

2. 说明选址的工作过程。

（二）主要技术经济指标

1. 全厂占地面积（m²），包括生产区、生活区面积等。

2. 全厂建筑面积（m²），包括生产区、生活区、行政管理区面积。

3. 全厂职工计划总人数。

4. 用水量（t/h、t/y）、水质要求。

5. 原材料、燃料用量（t/y）。

6. 用电量（kW），包括全厂生产设备及动力设备的定额总需求量。

7. 运输量（t/y），包括运入及运出。

8. 三废处理措施及其技术经济指标等。

（三）厂址条件

1. 厂址的坐落地点、四周环境情况（厂址在地理图上的坐标、海拔高度、行政归属等）。

2. 地质与气象及其他有关自然条件资料（土壤类型、地质结构、地下水位、全年气象、风速风向等）。

3. 厂区范围、征地面积、发展计划、施工时有关的土方工程及拆迁民房情况，并绘制1:1000的地形图。

4. 原料、辅料的供应情况。

5. 水、电、燃料、交通运输及职工福利设施的供应和处理方式。

6. 给排水方案、水文资料、废水排放情况。

7. 供热、供电条件，建筑材料供应条件等。

（四）厂址方案比较

依据选择厂址的自然、技术经济条件，分析对比不同方案，尤其是对厂区一次性投资估算及生产中经济成本等综合分析，通过选择比较，确认某一个厂址是符合条件的。

（五）有关附件资料

1. 各试选厂址总平面布置方案草图（比例1:2000）。

2. 各试选厂址技术经济比较表及说明材料。

3. 各试选厂址地质勘探报告。

4. 水源地水文地质勘探报告。

5. 厂址环境资料及建厂对环境的影响报告。

6. 地震部门关于厂址地区震烈度的鉴定书。

7. 各试选厂址地形图及厂址地理位置图（比例1:50 000）。

8. 各试选厂址气象资料。

9. 各试选厂址的各类协议书，包括原辅料、材料、燃料、交通运输、公共设施等。

四、总体布局

保健食品工厂总体布局的任务是在厂址选定后，根据生产工艺流程、GMP以及相关的规范要求，经济、合理地对厂区场地范围内的建筑物、构筑物、露天堆场、运输线路、管线、绿化及美化设施等进行优化的相互配置，并综合利用环境条件，创造符合食品工厂生产特性的完善的工业建筑群与厂区环境。

工厂总体布局是一项复杂的综合性技术工作，它是城市总体布局的有机构成部分，需要各方面的技术人员参加，共同研究讨论，从全局出发，互相配合，分别解决本专业的有关问题。设计是整个工程的灵魂，总体设计是首要部分，因此在工作中，各专业人员必须密切协作，共同完成总平面设计任务。

（一）总体布局的内容

总体布局是保健食品工厂设计的重要组成部分，它是将全厂不同使用功能的建筑物、构筑物按整个生产工艺流程，结合用地条件进行合理的布置，使建筑群组成一个有机整体，这样既便于组织生产，又便于企业加强管理。如果总平面设计得不完善，就会使一个建设项目的总体布置变得很分散、紊乱、不合理，既影响生产和生活的合理组织，又影响建设的经济效果和建设速度，也会破坏建筑群体的统一与完整。所以，厂址选定之后，就必须在已确定的用地范围内，合理、经济地进行保健食品工厂总体布局。

在进行保健食品工厂总体布局时，根据全厂各建筑物、构筑物的组成内容和使用功能的要求，结合用地条件和有关技术要求，综合研究它们之间的相互关系，正确处理建筑物布置、交通运输、管线综合和绿化方面等的问题，充分利用地形，节约用地，使该建筑群的组成内容和各项设施，成为统一的有机体，并与周围的环境及其建筑群体相协调。

保健食品工厂总体布局的内容包括平面布置和竖向布置两大部分。平面布置就是合理地分布用地范围内的建筑物、构筑物及其他工程设施在水平方向相互间的位置关系，平面布置中的工程设施包括以下内容。

1. 运输设计　合理组织用地范围内的交通运输线路的布置，使人流和货流分开，避免往返交叉，保持流道通畅。

2. 管线综合设计　工程管线网（厂内外的给排水管道、电线、通信线及蒸汽管道等）的设计必须布置得合理整齐、便捷。

3. 绿化布置和环保设计　绿化布置对食品厂来说，可以美化厂区、净化空气、调节气温、阻挡风沙、降低噪声、保护环境等，从而改善工人工作的劳动卫生条件。但绿化面积过大就会增加建厂投资，所以绿化面积应该适当，另外，保健食品工厂的四周，特别是在靠马路的一侧，应有一定宽度的树木组成防护林带，起阻挡风沙、净化空气、降低噪声的作用，种植的绿化树木花草，要经过严格选择，厂内不栽易落叶、产生花絮、散发种子和特殊异味的树木花草，以免影响产品质量。一般来说选用常绿树较为适宜。另外，环境保护是关系到可持续发展的大事。工业"三废"和噪声，会使环境受到污染，直接危害到人体健康，所以，在食品工厂总体布局时，在布局上要充分考虑环境友好的问题。

竖向布置就是与平面设计相垂直方向的设计，也就是厂区各部分地形标高的设计。其任务是利用地形组成一定形态，既要平坦又要便于排水。竖向设计虽然是总平面设计组成的一部分，但在地形比较平坦的情况下，一般都不做竖向设计。如果要做竖向设计，就要结合具体地形合理地进行综合考虑，在不影响各车间之间联系的原则下，应尽量保持自然地形，使土石方工程量达到最少，从而节省投资。

由上可知，所谓总体布局，就是一切从生产工艺出发，研究建筑物、构筑物、道路、堆场、各种管线和绿化等方面的相互关系，在一张或几张图纸上表示出来。工厂总体布局是一项综合性很强的工作，需要工艺设计、交通运输设计、公共工程（水电气等）设计等的密切配合，才能正确完成这一项任务。

（二）总体布局的基本原则

各种类型保健食品工厂的总平面设计，无论原料种类、产品性质、规模大小以及建设条件如何，都要按照设计的基本原则结合具体实际情况进行设计。保健食品工厂总体布局的基本原则有以下几点。

1. 按任务书要求进行 布置必须紧凑合理，节约用地。分期建设的工程，应一次布置，分期建设，还必须为远期发展留有余地。

2. 必须符合工厂生产工艺的要求

（1）主车间、仓库等应按生产流程布置，并尽量缩短距离，避免物料往返运输。

（2）全厂的货流、人流、原料、管道等的输送应有各自线路，力求避免交叉，合理加以组织安排。

（3）动力设施应接近负荷中心，如变电所应靠近高压线网输入本厂的一侧，同时，变电所又应靠近耗电量大的车间；又如制冷机房应接近变电所，并紧靠冷库。罐头食品工厂肉类车间的解冻间也应接近冷库，而杀菌工段、蒸发浓缩工段、热风干燥工段、喷雾干燥工段等用汽量大的工段应靠近锅炉房或供汽点。

3. 必须满足食品工厂卫生要求

（1）生产区和生活区、厂前区要分开，为了使保健食品工厂的主车间有较好的卫生条件，在厂区内不得设饲养场和屠宰场。如一定需要，应远离主车间。

（2）生产车间应注意朝向，在华东地区一般采用南北向，保证阳光充足，通风良好。

（3）生产车间与城市公路有一定的防护区，一般为 30 ~ 50 m，中间最好有绿化地带，以阻挡尘埃，降低噪声，保持厂区环境卫生，防止保健食品受到污染。

（4）根据生产性质不同，动力供应、货运场所周围和卫生防火等应分区布置，同时主车间应与对保健食品卫生有影响的综合车间、废品仓库、煤堆及有大量烟尘或有害气体排出的车间相隔一定距离。

（5）厂区内应有良好的卫生环境，多布置绿化。但不应种植对生产有影响的植物，不应妨碍消防作业。

（6）公共场所要与主车间、食品原料仓库或堆场及成品库保持一定距离。厕所地面、墙壁、便槽等应采用不透水、易清洗、不积垢且其表面可进行清洗消毒的材料构造。

4. 厂区道路 应按运输及运输工具的情况决定其宽度，一般厂区道路应采用水泥或沥青路面而不用柏油路面，以保持清洁。运输货物道路应与车间间隔，特别是运煤和煤渣，容易产生污染。一般道路应设为环形，以免在倒车时造成堵塞现象或意外事故。

5. 专用线和码头 厂区道路之外，应从实际出发考虑是否需有铁路专用线和码头等设施。

6. 建筑物间距 厂区建筑物间距（两建筑物外墙面之间的距离）应按有关规范设计。从防火、卫生、防震、防尘、噪声、日照、通风等方面来考虑，在符合有关规范的前提下，使建筑物间的距离最小。例如，建筑物间距与日照关系（图 4-1），冬季需要日照的地区，可根据冬至日太阳方位角和建筑物高度求得前幢建筑的投影长度，作为建筑物日照间距的依据。不同朝向的日照间距 D 为 1.1 ~ 1.5H（D 为两建筑物外墙面的距离，H 为布置在前面的建筑遮挡阳光的高度）。

建筑物间距与通风关系：当风向正对建筑物时（入射角为 0°时），希望前面的建筑物不遮挡后面建筑物的自然通风，那就要求建筑物间距 D 在 4 ~ 5H 以上，当风向的入射角为 30°时，间距可采用 1.3H；当入射角为 60°时，间距 D 采用 1.0H。一般建筑选用较大风向入射角时，用 1.3H 或 1.5H 就可达到通风要求；在地震区 D 采用 1.6 ~ 2.0H。

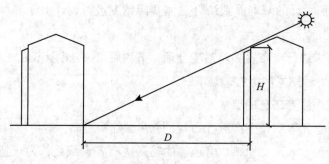

图 4 - 1　建筑物间距与日照关系示意图

7. 建筑物布置　也应符合规划要求，同时合理利用地质、地形和水文等自然条件。

（1）合理确定建筑物、道路的标高，既保证不受洪水的影响，使排水畅通，同时节约土石方工程。

（2）在坡地、山地建设工厂，可采用不同标高安排道路及建筑物，即进行合理的竖向布置，但必须注意设置护坡及防洪渠，以防山洪影响。

（三）建筑物、构筑物在总平面中的关系

保健食品工厂的主要建筑物、构筑物，根据其使用功能可分为以下几种。

1. 生产车间　实罐车间、空罐车间、糖果车间、饼干车间、焙烤车间、奶粉车间、液态奶车间、饮料车间、综合利用车间等各类食品加工车间。

2. 辅助车间　机修车间、中心实验室、化验室等。

3. 仓库　原料库、冷库、包装材料库、保温库、成品库、危险品库、五金库、各种堆场、废品库、车库等。

4. 动力设施　发电间、变电所、锅炉房、制冷机房、空压机房和真空泵房等。

5. 供水设施　水泵房、水处理设施、水井、水塔、水池等。

6. 排水系统　废水处理设施。

7. 全厂性设施　办公室、食堂、医务室、哺乳室、托儿所、浴室、厕所、传达室、停车场、自行车棚、围墙、厂大门、员工俱乐部、图书馆、员工宿舍等。

保健食品工厂是由上述这些不同功能的建筑物、构筑物所组成的，而它们在总平面布置中又必须根据保健食品工厂的生产工艺和上述原则来进行构思和设计。保健食品工厂的生产区各主要使用功能的建筑物、构筑物在总平面布置中的关系如图 4 - 2 所示。

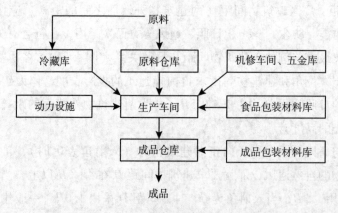

图 4 - 2　主要使用功能的建筑物、构筑物在总平面布置中关系的示意图

从图中可以看出，保健食品工厂总平面设计应围绕生产车间进行排布，即生产车间应在厂区的中心位置，其他车间、部门及公共设施均需围绕主车间进行排布。不过，上图仅是一个理想的典型，实际上随着地形地貌、周围环境、车间组成及数量等的不同，总平面布置也应有所变化。

第二节　工艺布局

厂房的合理布局取决于科学合理的设计，想要达到防止人流、物流混杂和交叉污染的基本要求，以及区域布置的要求，还要能保证对生产过程的有效管理，重点是洁净室（区）的管理。

一、工艺生产用房布置

（一）防止人流、物流交叉混杂

1. 人员和物料进出生产区域的出入口应分别设置，极易造成污染的物料（如部分原辅料、生产中废弃物等）宜设置专用出入口或采取适当措施，洁净厂房内的物料传递线尽量要短。

2. 人员和物料进入洁净室（区），应有各自的净化用室和设施。净化用室的设置要求与生产区的空气洁净度等级相适应。

3. 洁净室（区）内应只设置必要的工艺设备和设施。用于生产、储存的区域不得用作非本区域内工作人员的通道。

4. 电梯不宜设在洁净室（区）内，需要设置时，电梯前应设气闸室或有其他确保洁净室（区）空气洁净度等级的措施。

（二）提高净化效果

在满足工艺条件的前提下，为提高净化效果，节约能源，有空气洁净度等级要求的房间按下列要求布置。

1. 空气洁净度等级高的洁净室（区），宜布置在人员最少到达的地方，并宜靠近空调机房。

2. 不同空气洁净度等级的洁净室（区），宜按空气洁净等级的高低由里及外布置。

3. 空气洁净度等级相同的洁净室（区），宜相对集中。

4. 室内易产生污染的工序、设备，安排至回、排风口附近。

5. 不同空气洁净度等级房间之间相互联系应有防止污染措施，如气闸室或传递窗等。

（三）洁净厂房存放区域的设置

洁净厂房内应设置与生产规模相适应的原辅材料、半成品、成品存放区域，且尽可能靠近与其相联系的生产区域，以减少传递过程中的混杂与污染。存放区域内宜设置待检区、合格品区，或采取能有效控制物料待检、合格状态的措施。不合格品必须设置专区存放。

（四）必须严格分开的生产区域

1. 动植物性原料的前处理、提取、浓缩，必须与其产品生产严格分开。

2. 动物脏器、组织的洗涤或处理必须与其产品生产严格分开。

二、生产辅助用房布置

（一）品质管理实验室

品质管理部门根据需要设置的检验、动植物原料标本、留样观察以及其他各类实验室，应与保健食品生产区分开。

1. QC 实验室应当有自己的更衣室。

2. 微生物相关实验室宜与一般理化检验室分开。无菌检查、微生物限度检查、灭菌间、培养基配制等宜相对集中，以形成环境条件便于控制的区域。

3. 品质管理部门下属的实验室应有各功能室：送检样品的接受与处理间、试剂及标准品的储存间、普通试剂间、洗涤间、留样观察室（包括加速稳定性实验室）、分析实验区（仪器分析、化学分析、生物分析）、质量标准及技术资料室、质量评价室、休息室等。

4. 有特殊要求的仪器、仪表，应安放在专门的仪器室内，并有防止静电、震动、潮湿或其他外界因素影响的设施。

（二）取样间

仓库可设原辅料取样区，取样环境的空气洁净度与生产要求一致。按取样要求设计、施工，并配有取样所需的所有设施。

1. 清洁容器的真空系统。

2. 清洁的、必要时经灭菌的取样器具。

3. 说明某一容器已经取过样的标志或封签。

4. 启开和再行封闭容器的工具等。

取样间的空气洁净度级别一般有 10 000 级和 100 000 级，这是因为不管采用何种取样技术，在取样时，原料均要或多或少地暴露在空气之中。为了避免因取样而造成原料污染，有必要使取样区与生产的投料区具有同样的空气洁净度等级。

（三）称量室与备料室

称量室是防止出现差错的重要地方，稍有疏忽就会酿成大错。设置固定的称量室是防止差错的有效途径。称量室可以分散设置，也可以集中设置，称作中心称量区。

洁净室（区）内设置的中心称量室通常由器具清洁、备料、称量间组成，空气洁净度级别应与生产要求一致，并有捕尘和防止交叉污染的设施。

称量和前处理如原辅料的加工和处置都是粉尘散发较严重的场所，通常设专门的除尘系统。粉尘量小或需称量的料特别少时，称量室可设置成自净循环式的，它的优点是创造洁净环境，并可以省去专门的除尘系统。

（四）设备及容器具清洗室

需要在洁净室（区）内清洗的设备及容器具，其清洗室的空气洁净度等级应与本区域相同。10 000 级洁净区的设备及容器具可在本区或在本区域外清洗，在本区外清洁时，其洁净度不应低于 100 000 级。洗涤后应干燥，进入万级无菌控制洁净室（区）的容器具应消毒或灭菌。

（五）清洗工具洗涤、存放室

洁净区内的洁具室通常设在室（区）内，并有防止污染的措施如排风；拖把不用时有墙钩，可将其挂起，避免长菌等。

（六）洁净工作服洗涤、干燥室

100 000级以上区域的洁净工作服洗涤、干燥、整理及必要时灭菌的房间应设在洁净室（区）内，其空气洁净度等级不应低于100 000级。无菌工作服的整理、灭菌室，其洁净度等级可按照10 000级来设置。

（七）维修保养室

维修保养室主要用于机电、仪器设备的简易维修保养工作，不宜设在洁净室（区）内。

（八）空调机、冷冻机、空压机房

根据需要可分可合，集中设置于洁净室（区）外。

三、人员净化设施及程序

（一）人员净化内容

人员净化用室包括雨具存放室、换鞋室、存外衣室、更换洁净工作服室、气闸室或风淋室等。生活用室包括卫生间、淋浴、休息室等。生活用室可根据需要布置，但不得对洁净室（区）造成污染。

（二）人员净化用室面积

根据不同的空气洁净度等级和工作人员数量，洁净厂房内人员净化用室和生活用室的建筑面积应合理确定。一般宜按洁净区设计人数平均每人2～4 m^2计算。

（三）人员净化设施

1. 洁净厂房入口处通常应设换鞋设施。

2. 人员净化用室中，外衣存衣柜和洁净工作服柜应分别设置。外衣存衣柜应按设计人数每人一柜。

3. 盥洗室应设洗手和消毒设施，宜装手烘干器。

4. 10 000级区（室）通常不设卫生间和淋浴；要求较低级别的更衣室如设卫生间，应有防止污染的措施，如有强的抽风、洗手、消毒设施等。

5. 洁净区域入口处设置气闸室，必要时可设风淋，保持洁净区域的空气洁净度和正压。

（四）人员净化程序

人员净化用室和生活用室的布置应避免往复交叉。防止已清洁的部分被再次污染。为了强化洁净区的管理，许多企业在进入生产大楼时即换鞋，进入各自的操作区时，必须再经过各个区的更衣室。

保健食品生产企业，进入低于万级要求洁净室（区）常见的程序如图4－3、4－4所示。

当进入万级无菌控制洁净室（区）时，工作服必须灭菌，因此通常采用如图4－5、4－6所示的程序。

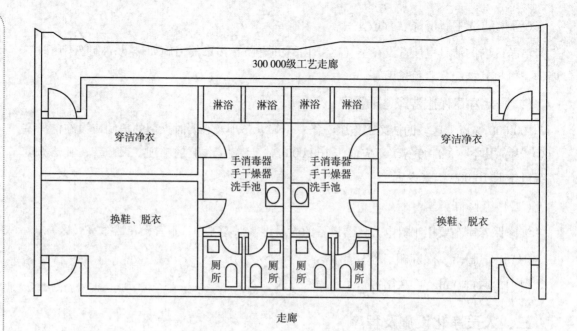

图 4 - 3　低于万级要求人员更衣室示意图

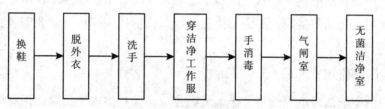

图 4 - 4　低于万级要求人员更衣程序示意图

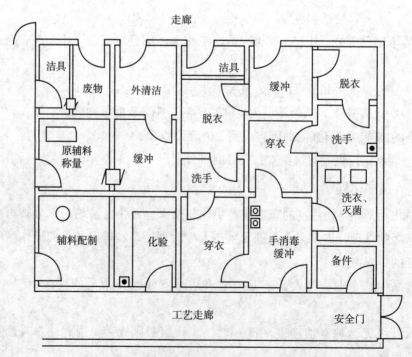

图 4 - 5　万级无菌控制区人员更衣程序示意图

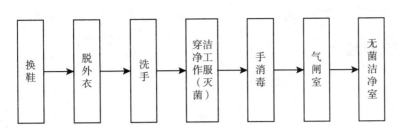

图 4-6 万级要求人员更衣程序示意图

万级无菌控制操作区人员数比较少时，有些企业会借助信号灯等方式，采用无性更衣形式设更衣室，以节约更衣室的面积。当采用连锁手段时，不一定要设置单独的气闸（缓冲）间。

保健食品生产的人员更衣室要根据实际需要设置，力求简便、实效。

四、物料净化设施及程序

各种物料在送入洁净室（区）前必须经过净化处理，简称"物净"。平面上的"物净"布置包括脱包、传递和传输。

（一）脱包

1. 洁净厂房应设置原辅料外包装清洁室、包装材料清洁室，供进入洁净室（区）的原辅料和包装材料清洁之用。

2. 生产保健食品有无菌要求的特殊品种时，应设置消毒灭菌室/设施，供进入生产区物料消毒和灭菌使用。

3. 仓储区的托板不能进入洁净生产区，应在物料气闸间换洁净区中转专用托板。

（二）传递

1. 原辅料、包装材料和其他物品在清洁室或灭菌室与洁净室（区）之间的传递主要靠物料缓冲及传递窗，只有物料比较小、轻、少及必要时才使用传递窗，大生产时一般都采用物料缓冲间。

2. 传递窗两边的传递门应有防止同时被打开的措施，能密封并易于清洁。传送至无菌洁净室（区）的传递窗宜有必要的防污染设施。

（三）传输

1. 与传递不同，传输主要是指在洁净室（区）之间进行物料的长时间的连续传送。传输主要靠传送带和物料电梯。

2. 传送带造成污染或交叉污染主要来自传送带自身的"粘尘带菌，和带动空气造成的空气污染。高于 100 000 级洁净室（区）使用的传输设备不得穿越较低级别区域。

3. 如果用电梯传输物料，电梯通常应设在非洁净区。设在洁净室（区）的电梯，一般有两种形式：建成洁净电梯或在电梯口设缓冲间。

五、防止鼠、虫进入设施

保健食品企业的仓库和生产区，应有防止鼠及昆虫进入的措施。常见的防鼠手段有设置防鼠挡板、改善门的密封性能、在室外适当布点、投放鼠药或安装电子猫等。防止昆虫进入的主要手段是在门口设灭虫灯。

六、安全疏散

（一）洁净厂房特点

1. 空间密闭，如有火灾发生，则对于疏散和扑救极为不利。同时由于热量无处泄露，火源的热辐射经四壁反射使室内迅速升温，将大大缩短全室各部分材料达到燃点的时间。

当厂房外墙无窗时，室内发生的火灾往往一时不容易被外界发现，发现后也不容易选定扑救突破口。

2. 平面布置曲折，增加了疏散路线上的障碍，延长了安全疏散的距离和时间。

3. 若干洁净室（区）都通过风管彼此串通，当火灾发生，特别是火势初起未被发现而又继续通风的情况下，风管将成为烟、火迅速外串、殃及其余房间的重要通道。

4. 洁净室（区）内装修不可避免地会使用一些高分子合成材料，这些材料在燃烧时有的燃烧速度极快。

5. 某些产品生产过程中使用易燃易爆物质，火灾危险性高。

（二）防火分区

1. 保健食品洁净厂房的耐火等级不应低于二级，吊顶材料应为非燃烧体，其耐火极限不宜小于0.4小时。

2. 洁净厂房内的甲、乙类（国家现行《建筑设计防火规范》火灾危险性特征分类），生产区域应采用防爆墙和防爆门斗与其他区域分离，并应设置足够的泄压面积。

（三）安全出口及数目

1. 安全出口是指符合规范规定的疏散楼梯或直通室外地平面的出口。为了在发生火灾时，能够迅速安全地疏散人员和搬出贵重物质，减少火灾损失，在建筑设计时必须设计足够数目的安全出口。安全出口应分散布置，且易于寻找。

2. 洁净厂房每一生产层、每一防火分区或每一洁净区的安全出口数目不应少于2个，但符合下列要求的可设1个。

（1）对甲、乙类生产厂房每屋的洁净区总面积不超过50 m²，且同一时间内的生产人数不超过5人。

（2）对丙、丁、戊类生产厂房应按现行国家标准《建筑设计防火规范》的规定设置。

（四）疏散距离

厂房内由最远工作地点至安全出口的最大距离即疏散距离，安全出口的设置应满足疏散距离的要求从生产地点到安全出口不得经过曲折的人员净化路线。人员净化入口不应当作安全出口使用。

（五）消防口

无窗厂房应在适当位置设门或窗，作为消防人员进入的消防口。当门窗间距大于80 m时，则也应在这段外墙的适当位置设消防口，其宽度不小于750 mm，高度不小于1200 mm，并有明显标志。

（六）门的开启方向

按《洁净厂房设计规范》规定，除去洁净区内洁净室的门应向洁净度高或压力高的一侧打开，即一般均向内开启外，洁净区与非洁净区的门或通向室外的门（含安全门）均应向外，即疏散方向开启。

第三节　空调净化调节设施

扫码"学一学"

实施保健食品 GMP 的目的是最大限度地降低食品生产过程中污染、交叉污染以及混淆、差错，以确保食品的质量。要保证保健食品质量在生产的过程中不受污染，空气洁净技术是一个必要的条件。在保健食品生产过程中，存在着各种各样的影响食品质量的因素，包括环境空气带来的污染，保健食品间的交叉污染和混淆，操作人员的人为差错等。为此，必须建立起一套严格的保健食品质量体系和生产质量管理制度，最大限度地降低影响食品质量的风险。作为保健食品生产质量控制系统的重要组成，保健食品生产企业空调净化系统主要通过对保健食品生产环境的空气温度、湿度、悬浮粒子、微生物等的控制和监测，确保环境参数符合保健食品质量的要求，避免空气污染和交叉污染的发生，同时为操作人员提供舒适的环境。另外，空调净化系统还可起到减少和防止保健食品在生产过程中对人造成的不利影响，并且保护周围的环境。

一、概述

随着人民生活水平的提高，以及保健食品的不断开发和工艺技术的进步，为保健食品生产服务的空调净化系统技术也在不断进步、完善。合理设计、适当安装、良好维护的空调净化系统是保证保健食品生产的重要条件。

保健食品生产工厂对空气净化的目的：①防止、减少空气中粉尘、微生物污染产品，保证保健食品的质量；②为操作人员提供适当的环境条件，使他们能按《保健食品 GMP》的要求从事各种生产操作。

二、洁净区域内有害物质的来源

1. 尘埃粒子　悬浮在空气中的固体颗粒，室内的尘埃粒子除了来自室外大气外，固体物料被粉碎、研磨、混合、筛粉、收集、包装、运输的过程中都会产生微粒。应当指出，人员是固体微粒的重要污染源。人员进入洁净室时，会把外界的尘粒带入室内，此外人体本身会散发大量的皮屑。据估计，人员对洁净室的污染约占空气污染总量的 80%。

2. 有害气体　保健食品生产中使用的原辅料、溶剂等，有些具有一定的毒性，有些属易燃易爆物质，在空气流动时，它们在室内扩散。例如铝塑包装工序在塑料膜成型、热合过程中可能释放有害气体。

3. 热湿负荷　生产工艺用加热设备、热的物料等散发出大量的热量以及煎煮、洗涤、烘烤等散发的热源和湿源。

三、空气净化等级

《保健食品 GMP》与《保健食品良好生产规范审查方法与评价准则》规定厂房必须按照生产工艺、卫生、质量要求，划分洁净级别，原则上分为 D 级、C 级和 B 级区。实际上，益生菌、热灌装和无菌灌装保健饮料的生产还需要更高的级别，因此，空气洁净度与药品生产一样，可分为四个级别，见表4-3。

表4-3 洁净室（区）空气洁净度级别

洁净级别	尘粒最大允许数（m³）（静态）		微生物最大允许数值（静态）	
	≥0.5 μm	≥5 μm	浮游菌（m³）	沉降菌（皿）
A 级	3520	20	1	1
B 级	3520	29	10	5
C 级	352 000	2900	100	50
D 级	3 520 000	29 000	200	100

注：表中数值为静态测试值；沉降菌用 φ90 mm 培养皿取样，暴露时间不低于30分钟。

保健食品洁净厂房的空气净化，可根据生产品种、规模，采用集中式净化空调系统或分散系统，也可在一个生产区域内采用单个或多个净化空调系统。净化设施的设计，会直接对保健食品的生产与产品质量产生影响，尤其是净化空调系统的设计，对产品的生产成本影响大，必须认真对待。

四、空气净化处理

空气净化处理，通常采用粗效、中效、高效空气过滤器三级过滤，前一级保护后一级，延长后一级的使用寿命，最后一级保护保健食品的工艺环境。空气过滤器是实现洁净区域内空气净化的主要手段，也是洁净空调系统的主要设备。空气净化系统内常用的过滤器有粗效过滤器、中效过滤器、亚高效过滤器、高效过滤器等几种类型。

过滤器的性能指标主要有效率、阻力、容尘量以及风速和滤速。

1. 效率 在额定风量下，过滤器进、出口空气的含尘浓度之差与过滤器进口空气含尘浓度之比的百分数。

2. 阻力 过滤器未粘尘时，通过定额风量的阻力为初阻力。粘尘后阻力随粘尘量增加而增大。需更换时的阻力为终阻力。终阻力通常定为初阻力的2倍。

3. 容尘量 在通以定额风量，过滤器的阻力到达终阻力时，过滤器容纳的尘粒量为该过滤器的容尘量。

4. 面风速和滤速 面风速是指过滤器迎风面通过气流的速度；滤速是指滤料面积上气流通过的速度。某过滤器的额定风量即为该过滤器的面风速。

按 GB/T 14295 对空气过滤器进行分类的情况见表4-4。

表4-4 空气过滤器分类表

类别	性能指标		备注
	额定风量下的效率 η（%）	额定风量下初阻力（Pa）	
粗效	粒径≥5μm时，80 > η ≥ 20	≤50	
中效	粒径≥0.5μm时，70 > η ≥ 20	≤80	
高中效	粒径≥0.5μm时，95 > η ≥ 70	≤100	效率为大气层计数效率
亚高效	粒径≥0.5μm时，99.9 > η ≥ 95	≤120	

续表

类别	性能指标		备注
	额定风量下的效率 η（%）	额定风量下初阻力（Pa）	
高效 A	η≥99.9	≤190	A、B、C 3 类效率为钠焰法效率：D 类效率为计数效率；C、D 类出厂要检漏
高效 B	η≥99.99	≤220	
高效 C	η≥99.999	≤250	
高效 D	粒径≥0.1μm 时，η≥99.999	≤250	

5. 空气过滤器形式

（1）粗效空气过滤器　其形式主要有平板式、袋式、自动卷绕式、油浸式等。自动卷绕式空气过滤器是以无纺布卷材为滤材，以过滤器前后压差为传感信号而进行自动、连续更换滤料的一种空气过滤器，特别适用于大风量进风系统。原则上粗效空气过滤器不应使用浸油式过滤器。

（2）中效空气过滤器　其形式最常见的有平板式、袋式、自动卷绕式、分隔板式、静电式等。中效空气过滤器宜集中设置在净化空气调节系统的正压段。

（3）亚高效空气过滤器　形式常见的有分隔板式、管式、袋式三种。

（4）高效空气过滤器　其形式按结构分有隔板和无隔板高效空气过滤器两类。高效空气过滤器或亚高效空气过滤器宜设置在净化空气调节系统末端。

（5）超高效空气过滤器　其形式与高效空气过滤器基本相同，加工处理要求更严格一些，但在保健食品加工中一般不需要采用这类过滤器。

五、净化空调系统

净化空调系统包括空气过滤及空气的热、湿处理，因此技术书籍用 HVAC（heating ventilation and air conditioning）来表述。

（一）基本要求

1. 对进入洁净区域的空气进行过滤处理，应符合生产工艺要求的空气洁净级别。

2. 调节进入洁净区域空气的温度、相对湿度。

3. 在满足生产工艺条件的前提下，利用循环回风，调节新风比例，合理节省能源，减轻过滤器负荷，确保排除洁净区域内生产过程中发生的余热、余湿和少量的尘埃粒子。

（二）分类

1. 按送风方式分类　可分为集中式、半集中式和分散式三种净化空调系统。

集中式净化空调系统由空气的初效过滤器、中效过滤器与热湿负荷处理设备（风机、表冷器、加热器、加湿器、除湿机等）组成空调器，设置于空调机房，并用风管与洁净区域内的进风口的静压箱及箱内安装的高效空气过滤器连接组成的净化空调系统。这种净化空调系统的冷源可以由集中的冷冻站或在空调机房内安装的制冷设备提供。热源由锅炉蒸汽（或热水），通过热交换站或在空调机内设置的电加热器提供。

在确定集中式或分散式净化空气调节系统时，应综合考虑生产工艺特点和洁净室空气洁净度等级、面积、位置等因素。凡生产工艺连续、洁净室面积较大时，位置集中、噪声控制和振动控制要求严格的洁净室，宜采用集中式净化空气调节系统。

2. 按空气来源分类 可分为直流式、回风式两种，分别如图4-7、图4-8所示。

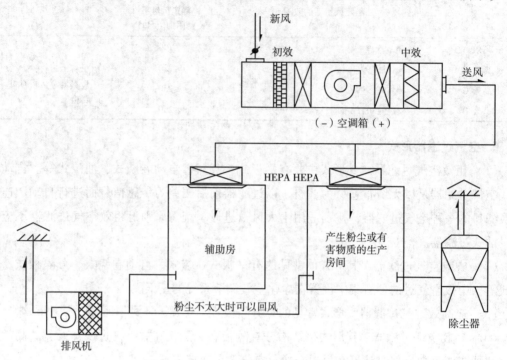

图4-7 直流式净化空调系统

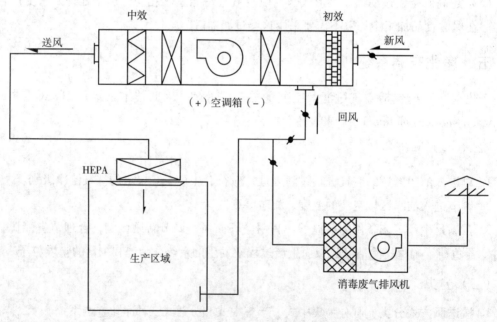

图4-8 回风式净化空调系统

直流式净化空调系统使用的空气全部来自室外，经热湿处理、洁净处理，空气在洁净室吸收处理热、湿、尘粒、毒害气体负荷后，全部排出室外，并在排出过程中处理到符合排放标准，以免污染大气环境。

回风式净化空调系统使用的空气一部分是新风，一部分是室内回风。

净化空气调节系统除直流式系统和设置值班风机的系统外，应有防止室外污染空气倒灌进入洁净室的措施。

净化空气调节系统设计应合理利用回风，凡工艺过程产生大量有害物质且局部处理不能防止交叉污染，或对其他工序有危害时，则不应利用回风。保健食品生产企业如洁净厂房面积较大，而其工艺要求比药品低时，可选用集中式空调。如果生产工艺允许，此类HVAC系统中可利用部分循环回风，以节省能源。

产生大量粉尘，有毒害粉尘，有毒害的气、汽和大量湿、热气体的洁净室，一般采用局部排风或全排风的净化空调系统，此外，还应当考虑排风的处理符合环保的要求。

3. 按用途特征分类　可分为通用机组 T、新风机组 X、净化机组 J 及其他专用机组 Z。

图 4 - 9 为的空气处理机组常用功能组合形式。图 4 - 10 为净化空调系统空气处理基本流程。

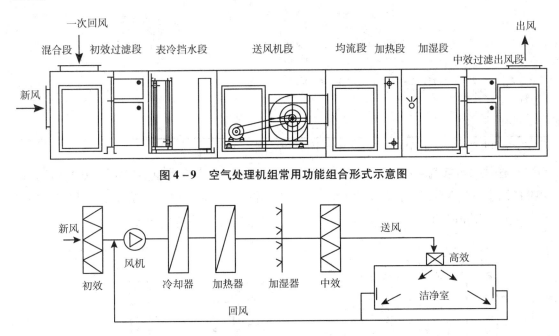

图 4 - 9　空气处理机组常用功能组合形式示意图

图 4 - 10　净化空调系统空气处理基本流程图

4. 净化空调系统的区域划分　保健食品生产使用的现代化厂房，由于不同剂型或品种的生产对洁净区域有不同的要求，为防止不同操作区域之间粉尘的污染，并考虑到加工过程往往发生在不同的时间段，因此，通常采用多个净化系统的设置方式。净化空调系统设置及划分的基本原则如下。

（1）按主生产区域、辅助性区域划分。

（2）按不同剂型的工艺区域划分，因为不同剂型的生产工艺对净化空调系统有不同的要求。

（3）按防火、防爆、产生剧毒有害物质区域划分。

（4）按不同的洁净度等级划分，不同洁净等级的洁净区域对空调参数有不同的要求。

（5）按厂房楼层或工艺平面分区划分。

（6）高效净化系统与中效净化系统分开设置，因为系统中高效过滤器与中效过滤器在运行时阻力变化不同。

5. 洁净区域内气流组织　洁净区域内的气流组织是为了在保健食品生产洁净区域内达到特定的空气洁净级别，以限制和减少尘粒对产品、直接接触产品的包装材料、设备、容器、用具的污染而采用的净化空气流动状态和分布状态。表 4 - 5 给出了不同空气洁净度的气流组织及送风量。

表4-5　不同空气洁净度的气流组织及送风量

气流流程		空气洁净度级别				
		100 级		10 000 级	100 000 级	300 000 级
		垂直单向流	水平单向流	非单向流	非单向流	非单向流
气流组织	主要送风方式	1. 顶送（高效过滤器占顶棚面积≥60%） 2. 侧步高效过滤器，订棚设阻尼层送风	1. 侧送（送风墙布满高效过滤器） 2. 侧送（高效过滤器占送风墙面积40%）	1. 顶送 2. 上侧墙送风	1. 顶送 2. 上侧墙送风	1. 顶送 2. 上侧墙送风
	主要回风方式	1. 相对两侧墙下部均布回风口 2. 格栅地面回风	1. 回风墙满布回风口 2. 回风墙局部布置回风口	1. 单侧墙下部布置回风口	1. 单侧墙下部布置回风口 2. 顶部布置回风	1. 单侧墙下部布置回风口 2. 顶部布置回风
送风量	气流流经室内断面风速（m/s）	≥0.25	≥0.35			
	换气次数（次/小时）			≥25	≥15	≥12

注：有粉尘和有害物质的洁净室不应采用走廊回风和顶部回风。

6. 送风量与换气次数　区别单向流洁净室（图4-11）或乱流洁净室（图4-12）的关键指标是空气在洁净室内的流动状态，而空气流动状态是由空气的流动方式和速度决定的。因此，单位时间送入洁净室内洁净空气的量对洁净度起决定性作用。

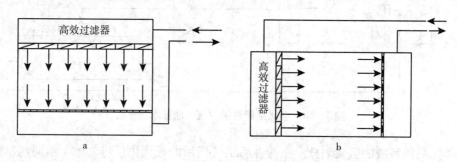

a. 垂直单向流；b. 水平单向流

图4-11　单向流洁净室示意图

总送风量计算方法如下。

100 级垂直单向流（层流）洁净室送风量 = 洁净室断面面积（m^2）×风速（≥0.25 m/s）。

100 级水平单向流（层流）洁净室送风量 = 洁净室断面面积（m^2）×风速（≥0.35 m/s）。

乱流（非单向流）洁净室送风量 = 洁净室容积（m^3）×换气次数（次/小时）。

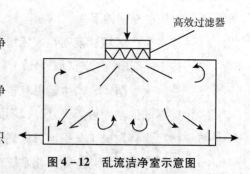

图4-12　乱流洁净室示意图

（1）热平衡与风量平衡的计算　见《空气调节设计手册》。

（2）新风流量的确定　为满足洁净室内人员健康及工艺设备排气补充空气的要求，室内应供给一定数量的新风，新风量取以下两个风量中的大的数值：①补偿室内排风和保持室内正压值所需的新风量；②保证室内每人每小时的新风量不少于 40 m^3。

为保持空气洁净级别不同的相邻房间之间的空气不至于相互交叉流动、造成污染，不同洁净级别房间之间应保持空气压差。通常，洁净级别不同的相邻房间之间的空气静压差大于 5 Pa，洁净室与室外的静压差大于 10 Pa。洁净室内的空气在正压的作用下，通过门窗、壁板等围护结构缝隙无组织地、不断地往外渗漏，要保证室内一定的正压值不至下降，就需要补充与渗漏空气等值的新风。在正压值作用下，围护结构单位长度缝隙的渗透风量称为正风量。正压风量可用缝隙法或换气次数法确定。设计时可按围护结构单位长度缝隙的正压风量表或洁净室正压值与房间换气次数关系表计算。

（3）缝隙法 洁净室维持不同的正压值所需的正压风量，按式 4 - 1 计算。

$$Q = a \cdot \sum (q \cdot L) \tag{4-1}$$

式中，Q 为维持洁净室正压值所需的正压风量，m^3/h；a 为根据围护结构气密性确定的安全系数，可取 1.1 ~ 1.2；q 为当洁净室为某一正压值时，其围护结构单位长度缝隙的渗漏风量，$m^3/(h \cdot m)$；L 为围护结构的缝隙长度，m。

围护结构单位长度缝隙的渗漏风量，可参考表 4 - 6。

表 4 - 6 围护结构单位长度缝隙的渗漏风量[$m^3/(h \cdot m)$]

门窗形式 压差（Pa）	非密闭门	密闭门	单层固定 密闭木窗	单层固体 密闭钢窗	单层开层式 密闭钢窗	传递窗	壁板
4.9	17	4	1.0	0.7	3.5	2.0	0.3
9.8	24	6	1.5	1.0	4.5	3.0	0.6
14.7	30	8	2.0	1.3	6.0	4.0	0.8
19.6	36	9	2.5	1.5	7.0	5.0	1.0
24.5	40	10	2.8	1.7	8.0	5.5	1.2
29.4	44	11	3.0	1.9	8.5	6.0	1.4
34.3	48	12	3.5	2.1	9.0	7.0	1.5
39.2	52	13	3.8	2.3	10.0	7.5	1.7
44.1	55	15	4.0	2.5	10.5	8.0	1.9
49.0	60	16	4.4	2.6	11.5	9.0	2.0

（4）换气次数法 送风、回风和排风系统的启闭连锁方式：系统开启时，连锁程序应为先启动送风机，再启动回风机和排风机；系统关闭时，程序相反。非连续运行的洁净室，可根据生产工艺要求设置值班风机，并应对新风进行处理。

洁净室正压值与房间换气次数关系见表 4 - 7。

表 4 - 7 洁净室正压值与房间换气次数关系表

室内正压值（Pa）	有外窗、气密性较差 的洁净室（次/小时）	有外窗、气密性较差好 的洁净室（次/小时）	无外窗土建式 洁净室（次/小时）
4.90	0.9	0.7	0.6
9.81	1.5	1.2	1.0
14.72	2.2	1.8	1.5
19.62	3.0	2.5	2.1
24.53	3.6	3.0	2.5

续表

室内正压值（Pa）	有外窗、气密性较差 的洁净室（次/小时）	有外窗、气密性较差好 的洁净室（次/小时）	无外窗土建式 洁净室（次/小时）
29.43	4.0	3.3	2.7
34.34	4.5	3.8	3.0
39.24	5.0	4.2	3.2
44.15	5.7	4.7	3.4
49.05	6.5	5.3	3.6

7. 洁净室正压调节　洁净室为防止外界空气渗入造成污染，必须保持一定的正压。空气正压通过调节送风量大于回风量和排风量的总和来实现。

保健食品生产的洁净区域的正压值，可根据生产工艺确定。在系统的运行中随着时间的推移，过滤器的容尘量会逐步增多，过滤器的阻力随之增加，受门与传递窗的开关、工艺排风的变化等因素的影响，原先调整确定好的正压值会发生变化。为维护室内规定的正压值，就需采用一些有效的调控措施，使空调系统和送至各房间的风量均保持恒定。常用的方法如下。

（1）回风口装空气阻尼层（材料有泡沫塑料、尼龙布等）或活动箅板。

（2）在洁净室下风侧墙上安装余压阀。

（3）安装压差式电动风量调节阀。

（4）采用变风量调节系统（VAV）　通常，VAV阀设置在回风或排风支管上，当室内压力与设定值出现偏差时，通过设在室内的差压传感器向VAV阀发出信号，改变排风量，直到室内压力恢复正常。图4－13展示了VAV的原理。

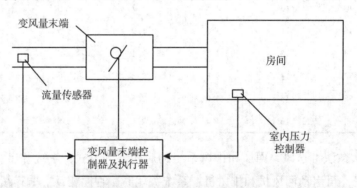

图4－13　VAV原理示意图

（5）采用定风量调节系统（CAV）　通常在送风和回风或排风支管应设置CAV阀，用以控制一个房间或一个区域内的压力。CAV阀采用机械原理使通过的风量恒定；当调节好风量后，风量过大时阀关小，风量小时开大。CAV阀不节能，提前消耗阻力主要设在房间支风管上。消耗风压为50 Pa，精度为5%～10%。

（6）采用变频调节装置　如图4－14所示。

风机调频装置实际上是一套风机变转速调速装置，它可以根据空调系统阻力变化情况，通过调节电机电流频率的方法，改变风机转速，提供系统所需要的风压力，使系统风量保持恒定。

设置风机调频控制的优点比较明显，可使系统风量恒定、房间空气压力稳定、节约能源，尤其可作为洁净区域内值班送风要求，使风机启动平稳。

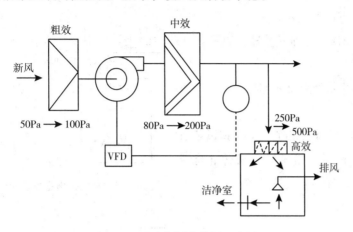

图 4－14　变频调节装置示意图

8. 洁净空调系统的噪声控制　《洁净厂房设计规范》（GB 50073—2013）规定，洁净室内的噪声级应符合下列要求：空态测试时，非单向流洁净室不应大于 60 dB（A）；单向流、混合流洁净室不应大于 65 dB（A）。通常，为降低净化空调系统噪声常采用以下措施。

（1）选用低速后倾式叶片低噪声的离心式通风机，因为通风机是空调系统的主要噪声源。

（2）风管内风速不宜过大，即风管不宜太小。可根据洁净区内噪声级的要求风管内风速宜参考下列规定：①总风管风速宜为 6～10 m/s；②无送、回风口的支风管宜为 4～6 m/s；③有送、回风口的支风管宜为 2～5 m/s；④为控制风口噪声，送回风口的风速也应加以限制。

（3）水泵、风机等应安装在弹性减震基础上。它们的进出口应设软性接头，进出口管道应避免急剧转折。

（4）由于系统中的噪声在空气输送过程中会自然衰减，若自然衰减后仍不能满足消声要求时，则需考虑在管道上加装消声器。

六、净化空调系统中的注意事项

1. 洁净室内产生粉尘量大和有毒害气体的设备应设局部排风和防尘装置，还应采取相对负压措施。

2. 排风系统要有防倒灌措施，如安置中效过滤器、单向阀等。

3. 净化空调系统如经处理仍不能避免产生交叉污染时，则不应利用回风；如固体物粉碎、称量、配料、混台、制粒、压片、包裹、分装等工序，使用有机溶媒的工序。

4. 为 100 000 级及要求更高的洁净区域配制的空气净化系统，应采用初效、中效、高效过滤器。300 000 级区也可用皿高效空气过滤器代替高效过滤器。

5. 高效、亚高效空气过滤器宜设在净化空气调节系统末端，洁净室（区）的送风口上。

6. 洁净室（区）送风口与连接体的接缝要密封。

7. 有静压差要求的洁净室应设有差压装置。为防止室外空气对室内洁净环境造成污染，保健食品生产用洁净厂房内对外排风时，均需要设置防止室外空气倒灌的设施。防止室外空气倒灌的措施有以下几种。

（1）空气排出室外前加过滤器，如图4-15所示。

（2）空气排出室外前加止回阀，如图4-16所示。

（3）在排风口设电动阀并与将其风机连锁，如图4-17所示。当排风电机停止运行时，电动阀关闭，外界空气被隔离。

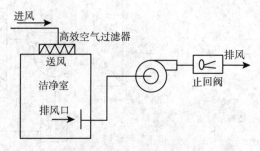

图4-15　空气排出室外前加过滤器的示意图

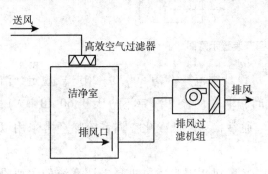

图4-16　空气排出室外前加止回阀的示意图

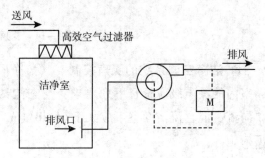

图4-17　电动阀与风机连锁的示意图

8. 口服固体保健食品洁净厂房由于固体颗粒产生较大，应特别注意由空气所致的交叉污染。口服固体保健食品生产用洁净厂房可采用下述措施。

（1）产粉尘的洁净厂房，应在产尘点（例如称量、粉碎、过筛、压片、胶囊充填、制粒干燥、混合等工序）设有捕尘设施。除尘器应设置在产尘工艺房间附近的小机房内，小机房的门开向洁净区域时，机房应符合洁净区域要求。

（2）多品种保健食品生产的产尘工序应不利用回风。若需利用回风时，应有防止交叉污染的措施。

（3）设置正确的气流方向和有效的压力监测手段。

（4）洁净房间内的送、回风方式应采用顶送下侧回，对部分不产生粉尘的房间（例如洁净走廊、中间品暂存等）可以采用顶送顶回。

（5）对产生湿气、异味或有防爆要求的房间应设置排风（例如清洗、配料、铝塑包装、使用有机溶剂的包衣等）。

第四节　室内装修

洁净室内装是对有洁净需求的建筑物内部，用专用的材料对其进行结构包装，以达到设计所需求的美观和洁净功能需求的整套工艺。在设计和建设厂房时，应考虑使用时便于进行清洁工作。洁净室（区）的内表面应平整光滑、无裂缝、接口严密、无颗粒物脱落，并能耐受清洗和消毒，墙壁与地面的交界处宜成弧形或采取其他措施，以减少灰尘积聚和便于清洁。洁净室（区）内各种管道、灯具、风口以及其他公用设施，在设计和安装时应考虑使用中避免出现不易清洁的部位。

扫码"学一学"

一、洁净室的装修

（一）基本要求

1. 洁净厂房的主体应在温度变化和震动的情况下，不易产生裂纹和缝隙。主体应使用发尘量小、不易黏附尘粒、隔热性能好、吸湿性小的材料。洁净厂房建筑的围护结构和室内装修也都应选气密性良好，且在温湿度变化下变形小的材料。

2. 墙壁和顶棚表面应光洁、平整、不起尘、不落灰、耐腐蚀、耐冲击、易清洗。壁面色彩要和谐雅致，有美学意义，并便于识别污染物。

3. 地面应光滑、平整、无缝隙、耐磨、耐腐蚀、耐冲击、不积聚静电、易除尘清洗。墙壁与地面相接处宜做成半径为 50 mm 的圆弧。

4. 技术夹层的墙面、顶棚应抹灰。需要在技术夹层内换高效过滤器的，技术夹层的墙面及顶棚也应刷涂料饰面，以减少灰尘。

5. 送风道、回风道、回风地沟的表面装修应与整个送风、回风系统相适应，并易于除尘。

6. 洁净度 10 000 级以上的洁净室最好采用无窗形式，如需设窗时应设计成固定密封窗，并尽量少留窗扇，不留窗台，把窗口面积限制到最小限度。门窗要密封，与墙面保持平整。充分考虑对空气和水的密封，防止污染粒子从外部渗入。避免由于室内外温差而结露。门窗造型要简单，不易积尘，清扫方便。门框不得设门槛。

（二）装修材料和建筑构件

装修材料要求耐清洗、无孔隙裂缝、表面平整光滑、不得有颗粒性物质脱落。对选用的材料要考虑到该材料的发尘性、耐磨性、耐水性、防霉性、防电性、使用寿命、施工简便与否、价格、来源等因素。

1. 地面 无溶剂环氧自流平涂洁净地面是在混凝土上采用自流平型涂面技术，将无溶剂环氧树脂涂抹上去，进而成为洁净地面。具有耐水性、耐磨性和防尘效果。这是目前洁净厂房使用最广的一种方式。应认真解决洁净车间的潮湿问题，在湿度较大、地下水位较高的地区，应设置防水层。

2. 墙面和墙体 墙面和地面、天花板一样，应选用表面光滑易于清洗的材料。中空墙可为空气的返回、电器接线、管道安装和其他附属工程提供所需空间。

（1）墙面

①油漆墙面。墙面常用于有洁净要求的房间，表面光滑，能清洗，且无颗粒性物质脱落。缺点是施工时若墙基层不干燥，涂上油漆后易起皮。普通房间可用调和漆，洁净度高的房间可用环氧漆，这种漆膜牢固性好，强度高。另外，还可用苯丙涂料和仿搪瓷。要严格按生产厂规定的施工方法施工，修补所采用的油漆腻子要与面层料相适应。乳胶漆不能用水洗，这种漆可涂于未干透的基层上，不仅透气，而且无颗粒性物质脱落。可用于包装间等无洁净度要求，但又要求清洁的区域。

②不锈钢板或铝合金材料墙面。耐腐蚀、耐火、无静电、光滑、易清洗，但价格高，用于垂直层流室。

③白瓷砖、抹灰刷白浆。不适用于洁净区墙面。

（2）墙体　常见的墙体材料为砖墙及轻质隔断。

轻质隔断系薄壁钢骨架上用自攻螺丝固定石膏板，外表再涂油漆而成。这种隔断自重较轻，对结构布置影响较少。常见的轻质隔断有轻钢龙骨泥面石膏板墙和彩钢板墙两种，彩钢板墙又有不同的夹芯材料及构造体系。在洁净厂房建造中，彩钢板的使用越来越广泛。

3. 吊顶　分硬吊顶和软吊顶两大类。

（1）硬吊顶　钢筋混凝土吊顶，其优点是管道安装、检修方便；缺点是结构自重大，以后无法因改变隔间而变动风口。

（2）软吊顶　悬挂式吊顶，主要有两种形式：型钢骨架－钢丝抹灰吊顶和彩钢板吊顶。前一种吊顶强度高，结构处理好，可上人，但施工质量不好时容易出现收缩缝。彩钢板吊顶无须加保温材料，但防火性能要征得消防部门认可。

4. 门窗

（1）门　洁净室用的门要求平整、光洁、易清洁、不变形。常用材料有铝合金、钢板、不锈钢板、彩钢板。

（2）窗　常用材料有铝合金、塑钢及不锈钢板，形式有单层及双层的固定窗。洁净室窗户应为固定窗，严密性好并与室内墙齐平。必要时，窗台应陡峭向下倾斜，窗台应内高外低，且外窗台应有不低于30°的向下倾斜，以便清洗和减少积尘，并且避免向内渗水。窗户尽量用大玻璃窗，不仅为操作工人提供敞亮愉快的环境，也便于管理人员通过窗户观察操作情况。

二、电气照明

（一）电气设计和安装

洁净室（区）电气设计和安装必须考虑对工艺、设备甚至产品变动的灵活性，便于维修，且保持厂房的地面、墙面、吊灯的整体性和易清洁性。总体要求有以下几点。

1. 电源进线应设置切断装置，并宜设在非洁净区便于操作管理的地点。

2. 消防用电负荷应由变电所采用专线供电。

3. 配电设备，应选择不易积尘、便于擦拭、外壳不易锈蚀的小型暗装配电箱及插座箱，功率较大的设备宜由配电室直接供电。

4. 不宜直接设置大型落地安装的配电设备。

5. 配电线路应按照不同空气洁净度等级划分的区域设施配电回路。分设在不同空气洁净度等级区域内的设备一般不宜由同一配电回路供电。

6. 每一配电线路均应设置切断装置，并应设在洁净区内便于操作管理的地方。如切断装置设在非洁净区，则其操作应采用遥控方式，遥控装置应设在洁净区内。

7. 电气管线宜暗敷，管材应采用非燃烧材料。

8. 电气管线管口，安装于墙上的各种电器设备与墙体接缝处均应有可靠密封。

（二）照明设计和安装

保健食品生产企业有相当数量的洁净室（区）处于无窗的环境中，它们需要人工照明，同时由于厂房密闭不利防火，增加了对事故照明的要求。无窗洁净室与自然采光的洁净室相比，无窗的优点如下：①有利于保持室内稳定的温度、湿度和照度；②确保了外墙的气密性，有利于保持室内生产要求和空气洁净度。

1. 光源和灯具的选择

（1）洁净厂房的照明应由变电所专线供电。

（2）洁净室（区）的照明光源宜采用荧光灯。

（3）洁净室（区）内应选用外部造型简单、不易积尘、便于擦拭的照明灯具，不应采用格栅型灯具。

（4）洁净室（区）内的一般照明灯具宜明装，但不宜悬吊。采用吸顶安装时，灯具与顶棚接缝处应采用可靠密封措施，如需要嵌入顶棚暗装时，安装缝隙应可靠密封，防止顶缝内非洁净空气漏入室内，其灯具结构必须便于清扫，便于在顶棚下更换灯管及检修。

（5）有防爆要求的洁净室，照明灯具的选用和安装应符合国家有关规定。

2. 照度标准 室内照明应根据不同工作室的要求，提供足够的照度值。主要工作室一般不宜低于 300 lx，辅助工作室、走廊、气闸室、人员净化和物料净化用室可低于 300 lx，但不宜低于 150 lx。对照度要求高的部位可增加局部照明。

洁净室（区）内一般照明的照度均匀度不应小于 0.7。

3. 事故照明处理方法

（1）设置备用电源，接至所有照明器。断电时，备用电源自动接通。

（2）设置专用事故照明电源，接至专用应急照明灯。同时，在安全出口和疏散通道转角处设置标志灯，专用消防口处设置红色应急照明灯。

（3）设置带蓄电池的应急灯，平时由正常电源持续充电。事故时电池电源自动接通。此灯宜装在疏通道上。

4. 紫外线杀菌灯的应用与设计 洁净室（区）可以安装紫外线杀菌灯，但必须注意安装高度、安装方法和灯具数量。

（三）其他要求

净化车间的特殊性给电力设施的其他方面也带来了新的要求。例如，在自动控制方面，洁净室（区）因空调净化而必须自动控制室内的温、湿度与压力；冷冻站、空压站、纯水以及自动灭火设施等也都分别需要自动控制。在弱电方面，洁净厂房内人员出入受到控制，因而要求通信联络设施更加完善，报警与消防要求也高于一般厂房。此外，线路都有隐蔽敷设的要求。

洁净室（区）内应设置与外联系的通讯装置，尤其是无菌室人数很少，而且穿着特殊的无菌衣不便出来，最好能安装无菌型的对讲机或电话机。

洁净室（区）内应设置火灾报警系统，火灾报警系统应符合《火灾报警系统设计规范》的要求。报警器应设在有人值班的地方。

当有火灾危险时，应有能向有关部门发出报警信号及切断风机电源的装置。

洁净室（区）内使用易燃、易爆介质时，宜在室内设报警装置。

防爆洁净室（区）的所有电气设备及仪表均应采用防爆型的，包括吸尘器、天平、灯具、电热水器乃至电脑打印机等。对付静电，除地坪采用导电地面引流外，设备还要有良好的接地装置（直接接地或间接接地）。静电导体与大地间的总泄漏电阻应大于 $10^6 \, \Omega$。

三、给排水

（一）给水

洁净厂房对给水系统的要求比较严格，应根据不同的要求设置系统，以便重点保证要求严格的系统，也利于管理和降低运转费用。

1. 用水分类

（1）生活用水　洁净厂房生活用水量按用水定额 25 ~ 35 L/（人·班）以及小时变化系数 $K = 3 ~ 2.5$ 计算确定；淋浴用水按 40 L/（人·班）计算。

（2）生产用水　生产用水定额、水压及水质应根据生产工艺要求确定。

（3）消防用水　洁净厂房除应采取有效的防火措施外，还必须设置必要的灭火措施。而水消防是最有效、最经济的消防手段，因此洁净厂房必须设置消防给水措施。

2. 水质标准　生活生产用水水质应符合《生活饮用水卫生标准》（GB 5749—2006），以及《生活饮用水卫生规范》的要求。

3. 给水系统

（1）生活、生产及消防给水系统　其选择应根据具体情况确定，可采用生产、生活及消防联合给水系统，如图 4 - 18 所示，也可采用生产、生活及消防分制的两个给水系统；系统的供水方式可以采用水泵 - 高位水箱联合供水，也可以采用变频调速恒压供水等方式。

图 4 - 18　典型的生产、生活及消防联合给水系统

生活水管应采用镀锌钢管，管道的配件应采用与管道相应的材料。人员净化用室的盥洗室内宜供应热水。洁净厂房周围宜设置洒水设施。

（2）纯化水　用蒸馏法、离子交换法、反渗透法或其他适宜的方法制得的供生产保健食品的水，不含任何附加剂。

（二）排水及废水处理

1. 洁净厂房的排水　洁净室（区）内的排水设备以及与重力回水管道相连接的设备，必须在其排除口以下部位设水封装置。排水系统应设有完善的透气装置。排水竖管不宜穿过洁净室（区），如必须穿过时，竖管上不得设置检查口。

洁净室（区）内重力排水系统的水封及透气装置对于维持洁净室（区）内各项技术指标是极其重要的。除了对于一般厂房防止臭气进入外，对于洁净室（区）若不能保持水封会产生室内外空气对流。在正常工作时，室内洁净空气会通过排水管向外渗漏；当通风系统停止工作时，室外非洁净空气会向室内倒灌，影响洁净室的洁净度、温湿度，并消耗洁净室的冷量。

洁净室（区）内的地漏等排水设施的设置应符合下列要求：无菌操作 100 级 10 000 级洁净室内不应设置地漏；10 000 级辅助区及 100 000 级区内设置地漏时，应注意其材质不易腐蚀，盖碗有足够深度以形成水封，开启方便，便于清洁消毒等。此外，排水管直径应足够大，地漏标高应低于地坪，确保排水流畅。

2. 废水处理　保健食品企业洁净厂房的废水因产品品种、生产工艺和原材料的不同而不同，有的产品在生产过程中排出的废水中含有病毒、有害微生物、致敏性物质等，必须按国家规定采用可靠的或特殊的处理方法处理，使其达到排放标准后才能排入市政管网。不管什么情况，当排出废水化学耗氧量（COD）和生化需氧量（BOD）超标时，均应经适当方法处理达标后方可排入市政管网。某固体保健食品厂废水处理流程如图 4 – 19 所示。

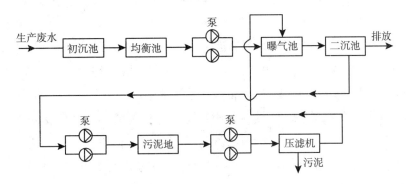

图 4 – 19　某固体保健食品厂废水处理流程示意图

四、动力系统

动力系统是指洁净厂房在日常运行中需要的支持系统，一般包括真空、压缩空气、冷冻、加热、蒸汽、水、排水、电气等，除有特殊要求外，一般这些设备都应设置在洁净室外，主管一律在室外，管线多设于技术夹层中。与食品直接接触的干燥用空气、压缩空气和惰性气体应经净化处理，符合生产要求。

第五节　仓储区、质量控制区与辅助区

扫码"学一学"

一、仓储区

（一）仓储区 GMP 风险

保健食品工业洁净厂房内应设置与生产规模相适应的原辅材料、半成品、成品存放区域，且尽可能靠近与其相联系的生产区域，减少运输过程中的混杂与污染。存放区域内应安排待验区、合格品区和不合格品区。保健食品生产企业在生产过程中，由于以下工作需求，很容易造成人为差错和物料的交叉污染。

1. 产品种类、规格繁多，相应的原辅料、包装材料、中间产品和待包装产品数量大，没有足够的物理空间。

2. 已放行物料与未放行物料的混淆。

3. 在入库检验和生产过程中产生或发现的不合格品没有设置适用的不合格区。合格物料与不合格物料物料混淆。

4. 物料安全性、物理化学特性对储存环境的要求，没有温湿度控制或温湿度分布不均、空调设计不当。

5. 物料外包装污染物，进厂物料外包装没有设置缓冲清洁区。

6. 昆虫或其他动物的进入及外界天气（如雨、雪）的影响，没有必要的防虫和防雨设施。

7. 物料储存、转运、发放过程中因破损造成的污染。

（二）平面布局、设施设计原则

1. 储存面积和空间、设施设备应与生产规模和生产品种相适应，以保证物料和产品能够有序存放。

2. 生产过程中的物料储存区的设置靠近生产单元、面积合适，可分散或集中设置。

3. 非 GMP 相关物料（如办公用品、劳保用品、促销用品等），建议和 GMP 相关物料单独设置，以减少 GMP 库房建设规模，降低库房管理成本。

4. 仓库和外界、仓库与生产区接界处应当能够保护物料和产品免受外界天气的影响，其接界处都应有缓冲间，缓冲间两边均应设门，并设互锁，不允许两边门同时开启。

5. 仓库应做到人流、物流分开。仓库在人流通道中应设有更衣室等设施。

6. 仓储区域通常分一般储存区、不合格品区、退货区、特殊储存区，辅助区域通常分接收区、发货区、取样区、办公/休息区。仓储区应有足够的空间用于待验品、合格品、不合格品、退货的存放，并在包装容器上有明确的状态标识，对于不合格品及退货物料采用物理隔离方式储存。但如果采用计算机化仓储管理系统，物料的状态标识及隔离可以在系统中进行，可能不涉及物料的物理隔离。

7. 配置合适的空调通风设施，以保持仓库内物料对环境的温湿度要求。根据产品及物料的贮存条件，选择常温库、阴凉库或者冷库等进行物料的贮藏。由于库房空间较生产房间大，所以宜通过当地最热和最冷季节的温湿度分布验证，确认空调通风设施的性能。

8. 在原辅料、包装材料进口区应设置取样间或取样车。取样设施常装有层流装置。取样间内只允许放一个品种，一个批号的物料，以免混料混淆。仓储区的取样区洁净级别应与生产要求一致。

9. 仓库设计一般采用全封闭式，可采用灯光照明和自然光照明，对光照有一定的要求。仓库周围一般设置窗户，即便有窗也不允许开启，以防积尘，也防鼠类、虫类进入。有窗部位外面要安装铁栅栏，以保证物品安全。

10. 仓库的地面要求平整，尤其是高位货架和高位铲车运作区，要求地面平整。一般要求平整度为（1000±2）mm。

11. 高位货架应采用冷轧钢板质量较好，如用热轧钢板，对钢板厚度要求稍厚些。焊接货架焊接处要求质量较高，无砂眼，表面要进行防锈处理。货架竖立时要求测量其垂直度，不得有倾斜。

12. 仓库地面要进行硬化处理，其处理可用环氧树脂或聚氨酯涂层，一般不用水泥地面，尤其用高位铲车运作时，易起尘，难以清洁。

13. 仓库内不设地沟、地漏，目的是为了不让细菌滋生。仓库内应设洁具间，放置专用的清洁工具，用于地面、托盘等仓储设备的清洗。

14. 仓库地面结构要考虑承重。高层货架已不再用底脚螺丝预埋件固定，而用膨胀螺栓固定，装卸均较简便。物料都应堆放在托盘上，宜采用金属或塑料托盘，其结构应考虑便于清洁和冲洗。

15. 对于贮存条件或安全性（特殊的温、湿度要求）有特殊要求的物料或产品，仓储区应有特殊储存区域以满足物料或产品的储存要求。

二、质量控制区

（一）技术要求

根据 GMP 对的相关要求，质量控制区应符合以下要求。

1. 质量控制检验、留样观察以及其他各类实验室通常应与食品生产区分开设置。

2. 阳性对照、无菌检查、微生物限度检查和抗生素微生物检定等实验室，以及放射性同位素检定室等应分开设置。

3. 无菌检查室、微生物限度检查实验室应为无菌洁净室，其空气洁净度等级不应低于 C 级，并应设置相应的人员净化和物料净化设施。

4. 抗生素微生物检定实验室和放射性同位素检定室的空气洁净度等级不宜低于 D 级。

5. 有特殊要求的仪器应设置专门的仪器室。

6. 原料药中间产品质量检验对环境有影响时，其检验室不应设置在该生产区内。

（二）总体平面布局

质量控制区是指质量控制实验室，其规模和布局可根据企业实际工作量的大小，以及企业生产食品的主要质检控制内容和检测项目进行设置，应与企业的检验要求相适应，并满足各项实验需要。

根据 GMP 中的相关要求，"质量控制实验室通常应与生产区分开"，保健食品企业的质量控制区应与生产区相对独立；而考虑到企业生产中的实际效率和管理，如抽取样品的方便，对质量保证的技术支持，质量控制区又不应离生产区太远。

依照以上原则，企业总体平面布局中质量控制区的设置有如下建议。

1. 质量控制区可与生产区位于同一建筑物内，分区设置。

2. 质量控制区位于独立的建筑物，但临近生产区。

三、辅助区

辅助区包括多个功能间（区域），如更衣间（含人员气锁间）、物料气锁间、休息室、盥洗间、维修间等，以下重点讨论更衣间和盥洗间的设计。

1. 更衣间　进入保健食品工厂内一般区、洁净区和无菌区的人员更衣设施，应根据生产性质、产品特性、产品对环境的要求等设置相应的更衣设施。

更衣设施必须结合合理的更衣顺序、洗手（消毒）程序、洁净空气等级和气流组织，以及合理的压差和监控装置等来满足净化更衣的目的。

人员更衣设施设计，各个国家或制药公司并没有统一的设计模式。以下介绍更衣室设计的通用的要求以及现行的设计理念。

（1）更衣间的大小与同时需更衣的人员数量相适应。

（2）更衣间不能用于在区域之间运送产品、物料或设备。

（3）对无菌更衣间的设计，我国 GMP 和 GMP 的无菌附录有以下明确要求。应按照气锁方式设计，使更衣的不同阶段分开，尽可能避免工作服被微生物和微粒污染，更衣室应有足够的换气次数，更衣室后段的静态级别应与其相应洁净区的级别相同。气锁间两侧的门不应同时打开，可采用互锁系统，防止两侧的门同时打开。气锁两侧门建议采用相互可视或配备指示装置的方式提示操作人员是否可开启气锁门。

2. 盥洗室（厕所、淋浴室） 可根据需要设置，应当方便人员进出，并与使用人数相适应。盥洗室不得与生产区和仓储区直接相通。

（1）盥洗室不得与生产区及仓储区直接相连，要保持干净、通风、无积水。盥洗室应根据实际使用情况提供足够的洗手消毒和干燥设施。

（2）盥洗室应方便人员出入，面积与使用人员数量相适应。

（3）盥洗室必须设置在洁净更衣室外，设计时需考虑员工方便使用。

（4）盥洗室可设置在总更衣间外；盥洗室亦可设置在总更衣间区域内，与之相连；也可设置在总更衣后的一般区内，方便外包装区域和（或）仓储区人员进出。后两种情形，设计盥洗室时都应采取必要的防污染措施，如设置缓冲间、排风等。若采用人员从室外区直接进入洁净区时，通常应单独设置一个脱外衣和拖鞋的房间。

3. 洁净工服洗衣室 应设置在洁净室（区）内，建议靠近脏衣存放间和更衣间，便于洁净工服的清洗和使用。

第六节　实验动物饲养区

扫码"学一学"

一、实验动物饲养饲育条件与标准

实验动物是指经人工饲育，对其携带微生物实行控制，遗传背景明确或者来源清楚的用于科学研究、教学、生产、检定以及其他科学实验的动物。实验动物繁育、生产设施是指用于实验动物繁育、生产的建筑物、设备以及运营管理的总和。动物实验设施是指以研究、试验、教学、生物制品、食品生产等为目的进行实验动物饲育、试验的建筑物、设备以及运营管理的总和。

实验动物的性状主要由遗传和环境因素决定。在实验动物遗传性状相对稳定的情况下，应尽量排除环境因素所造成的影响。只有严格监控实验动物的环境设施，才能促进实验动物科学的发展。对实验动物饲养区的相关要求如下。

（一）选址

1. 实验动物繁育、生产及实验场所应避开自然疫源地。

2. 宜选在环境空气质量及自然环境条件较好的区域。

3. 宜远离铁路、码头、飞机场、交通要道，以及散发大量粉尘和有害气体的工厂、贮仓、堆场等有严重空气污染、振动或噪声干扰的区域。若不能远离上述区域，则应布置在当地夏季最小频率风向的下风侧。

4. 实验动物繁育、生产及实验场所应与生活区保持大于 50 m 的距离。

（二）建筑卫生要求

1. 动物繁育、生产及实验场所所有围护结构材料均应无毒、无放射性。

2. 内墙表面应光滑平整，阴阳角均为圆弧形，易于清洗、消毒。墙面应采用不易脱落、耐腐蚀、无反光、耐冲击的材料。地面应防滑、耐磨、无渗漏。天花板应耐水、耐腐蚀。

（三）建筑设施要求

1. 建筑物门、窗应有良好的密封性。

2. 走廊宽度不应小于1.5 m，门宽度不应小于1.0 m。

3. 动物繁育、生产及实验场所通风空调系统保持正压操作，应合理组织气流布置送排风口的位置，避免死角，避免断流，避免短路。

4. 各类环境控制设备应定期维修保养。

5. 动物繁育、生产及实验场所的电力负荷等级，应根据工艺要求确定。应备有应急电源。

6. 室内的配电设备，应选择不易积尘的设备，并应暗装。电气管线应暗敷，由非洁净区进入洁净区的电气管线管口，应采取可靠的密封措施。

二、实验动物饲养区的管理

（一）环境条件分类

1. 普通环境　符合动物居住的基本要求，不能完全控制传染因子，适用于饲育教学等用途的普通级实验动物。

2. 屏障环境　适用于饲育清洁实验动物及无特定病原体实验动物，该环境严格控制人员、物品和环境空气的进出。

3. 隔离环境　采用无菌隔离装置以保存无菌或无外来污染动物。隔离装置内的空气、饲料、水、垫料和设备均为无菌，动物和物料的动态传递必须经特殊的传递系统，该系统既能保证与环境的绝对隔离，又能在转运动物时保持内环境一致。该环境设施适用于饲育无特定病原体、限菌及无菌实验动物。

（二）设施区域设置

1. 前区包括办公室、维修室、库房、饲料室、一般走廊。

2. 繁育、生产区包括隔离检疫室、缓冲间、育种室、扩大群饲育室、生产群饲育室、待发室、清洁物品贮藏室、清洁走廊、污物走廊。

3. 动物实验区包括缓冲间、实验饲育间、清洁物品贮藏室、清洁走廊、污物走廊。

4. 辅助区包括仓库、洗刷间、废弃物品存放处理间（设备）、密闭式实验动物尸体冷藏存放间（设备）、机械设备室、淋浴间、工作人员休息室。

5. 屏障环境和隔离环境均应在压强变化相交接处设有缓冲设置。

6. 动物实验区的设施应与饲养繁育系统分开设置。

7. 有关放射性实验操作应参照GB 4792《放射卫生防护基本标准》实施。

8. 带烈性传染性、致癌、使用剧毒物质的动物实验，均应在负压隔离设施或有严格防护的设备内操作。此类设施（设备）必须具有特殊的传递系统，确保在动态传递过程中与外环境的绝对隔离，排出气体和废物必须经无害化处理。应体现"人、动物、环境"的三保护原则。

9. 在实验环境中设置设备时，其设备性能和指标，均必须与环境设施指标要求相一致，见表4-3、4-4。

10. 不同实验要求的正压、负压设备，必须达到环境设施的指标，方能取得相应的证书。

11. 废弃物应进行无害化处理并应达到 GB 18918《城镇污水处理厂污染物排放标准》的要求。

12. 动物尸体应立即焚烧处理，其排放物应达到医院污物焚烧排放规定要求。

13. 应选用无毒、耐腐蚀、耐高温、易清洗、易消毒灭菌的耐用材料制成的笼具。

14. 各类动物所占笼具最小面积应满足表4-8的要求。笼具内外边角均应圆滑、无锐口。

表4-8　各类动物所需居所最小空间

项目	小鼠（g）		大鼠（g）		豚鼠（g）		地鼠（g）		兔（kg）	
	<20	>20	<150	>150	<350	>350	<100	>100	<2.5	>2.5
单养时（m²）	0.0065	0.01	0.015	0.025	0.03	0.065	0.01	0.012	0.20	0.46
群养时（m²）	0.016		0.08		0.09（只）		0.09		0.93	
最小高度（m）	0.13	0.15	0.18	0.18	0.18	0.22	0.18	0.18	0.40	0.45

项目	猫（kg）		犬（kg）		猴（kg）		小型猪（kg）		鸡（kg）	
	<2.5	>2.5	<10	10~20	>20	<4	4~6	>6	<20	>20
单养时（m²）	0.28	0.37	0.60	1.0	1.5	0.5	0.6	0.75	0.96	1.2
群养时（m²）										
最小高度（m）	0.76（栖木）	0.8	0.9	1.5	0.6	0.7	0.8	0.6	0.8	0.4

15. 垫料应选用吸湿性好、尘埃少、无异味、无毒性、无油脂的材料。

16. 垫料必须经消毒、灭菌后方可使用。

17. 普通实验动物饮水应符合 GB 5749—2006《生活饮用水卫生标准》的要求。

18. 屏障和隔离环境内饲养的实验动物饮用水必须经灭菌处理。

19. 动物运输应符合安全和微生物控制等级要求。不同品种、品系和等级的动物不得混合装运。

20. 动物运输应配置专用车辆，专人负责，定期消毒、保洁，车辆应装有空调设备。

21. 运输笼具必须经消毒、灭菌后方可回收使用。

？思考题

1. 简述保健食品厂厂址选择的原则。

2. 简述保健食品厂对空气净化的要求。

3. 人员净化设施及程序有哪些？

4. 净化空调系统中应注意哪些问题？

5. 洁净室（区）的内装修基本要求有哪些？

（刘竺云）

第五章 设 备

设备是保健食品生产中物料投入其中转化成产品的工具或载体。保健食品质量的最终形成通过生产而完成，所以，保健的食品质量与设备这个生产的主要要素息息相关，无论是保健食品生产的质量保证还是数量需求，都需要获得设备系统的支持，而这种支持如何体现、如何规范，便是保健食品生产企业生产质量管理硬件与软件建设的主要内容之一。

我国保健食品企业发展迅猛，已摆脱单机加手工业小规模生产，而转入采用自动化设备大规模生产模式，产品的质量、数量、成本都依赖于设备的运行状态，建立有效、规范的"设备管理"体系，确保所有生产相关设备自投资计划、设计、选型、安装、改造、使用直至报废的设备生命周期全过程均处于有效控制之中，并能做到设备活动都有据可查，便于追踪，最大限度地降低保健食品生产过程中产生的污染、交差污染、混淆和差错，并持续保持设备的这种状态，是当前保健食品企业管理设备始终追求的目标。

第一节 生产质量管理对设备的要求

一、设备的基本要求

保健食品设备设计、选型需慎重考虑防污染、防交叉污染和防差错，合理满足工艺需求因素，通常通过起草《用户需求》（URS）文件来指导设计选型，内容涉及生产计划、设备操作、产品工艺、质量控制、安全环境健康、设备维修、生产效率等诸多因素，需要有经验的专业人员起草，并由各专业人员充分讨论定稿。

1. 生产用灭菌柜应具有自动监测、记录装置，其能力应与生产批量相适应。

2. 与保健食品直接接触的设备表面应光洁、平整、易清洗或消毒、耐腐蚀，不与保健

扫码"学一学"

食品发生化学变化或吸附药品。

3. 洁净室（区）内设备保温层表面应平整、光洁，不得有颗粒性等物质脱落。

4. 保健食品生产中与料液接触的设备、容器具、管路、阀门、输送泵等应采用优质耐腐蚀材质，管路的安装应尽量减少连接或焊接。

5. 保健食品生产中难以清洁的特定类型的设备可专用于特定的中间产品生产或贮存。

6. 设备所用的润滑剂、冷却剂等不得对保健食品或容器造成污染。

二、生产用水的基本要求

生产用水通常指生产工艺过程中用到的各种质量标准的水。在《中国药典》2015 年版附录中，有以下几种生产用水的定义和应用范围。

1. 饮用水 天然水经净化处理所得的水，其质量必须符合现行《生活饮用水卫生标准》（GB 5749—2006）。

2. 纯化水 饮用水经蒸馏法、离子交换法、反渗透法或其他适宜的方法制得的生产用水。不含任何添加剂，其质量应符合纯化水项下的规定。

3. 注射用水 纯化水经蒸馏所得的水。应符合细菌内毒素试验要求。注射用水必须在防止细菌内毒素产生的设计条件下生产、贮藏及分装。其质量应符合注射用水项下的规定。

4. 生产用水

（1）与设备连接的主要固定管道应标明管内物料名称、流向。

（2）生产用水应当适合其用途，并符合《中国药典》的质量标准及相关要求。

（3）纯化水、注射用水的制备、储存和分配应当能够防止微生物的滋生和污染。纯化水可采用循环，注射用水可采用 70℃ 以上保温循环。

（4）纯化水、注射用水储罐和输送管道所用材料应当无毒、耐腐蚀；储罐的通气口应当安装不脱落纤维的疏水性除菌滤器；管道的设计和安装应当避免死角、盲管。

（5）水处理设备及其输送系统的设计、安装、运行和维护应当确保生产用水达到设定的质量标准。

（6）应规定纯化水、注射用水储罐和管道的清洗、消毒周期，并有相关记录。发现生产用水微生物污染达到警戒限度、纠偏限度时应当按照操作规程处理。

（7）应当对生产用水及原水的水质进行定期监测，并有相应的记录。

三、计量器具与设备的基本要求

保健食品质量是企业的生命，计量工作则是保证产品质量的重要手段。为此保健食品企业应该建立计量管理体系，依据体系指导并开展企业内计量校准工作的实施，应设专门的部门和人员管理并执行计量工作，应建立计量管理规程、校准台账计划、校准操作规程、校准记录表、偏差处理和变更控制流程等。

用于生产和检验的仪器、仪表、量具、衡器等，其适用范围和精密度应符合生产和检验要求，应有明显的合格标志，应由国家法定计量机构或授权的计量单位执行定期检定或校准。

四、设备使用与维护的基本要求

1. 生产设备应有明显的状态标志。

2. 生产设备应定期维修、保养。设备安装、维修、保养的操作不得影响产品的质量。

3. 不合格的设备如有可能应搬出生产区，未搬出前应有明显状态标志。

4. 生产、检验设备应有使用、维修、保养记录，并由专人管理。

5. 生产用模具的采购、验收、保管、维护、发放及报废应制定相应管理制度，应设专人专柜保管。

第二节　设备的选型、制造与安装

扫码"学一学"

保健食品生产设备是生产质量管理的重要组成部分。保健食品产业的发展取决于生产工艺与工程的进步，而保健食品生产设备与生产工艺、工程都有密切关系。

一、设备的选型

保健食品生产企业必须具备与生产保健食品相适应的生产设备和检验设备，其性能和主要参数应能保证生产和产品质量控制的需要。不论成品还是各种剂型的产品，均需通过设备加工而成，所以设备对产品的形成与质量优劣至关重要。生产中使用的设备大致可分为容器、泵和其他机械三大类。设备质量好，防爆、防毒、防腐有保证，不污染环境，合理的结构和加工精度不仅使设备便于清洗消毒，还可降低噪音污染、便于保养与维修。对于频繁做机械运动的部件应采用耐磨性能高的材料，以减少微粒污染。对于选用者则除上述因素外还应考虑重量轻、体积小，以减少建筑面积与荷重，以达到节约工种费用的目的。总之，在设备设计与选型中应注意防止装备的内污染和生产环境污染的保证措施。

设备设计及选型应符合生产要求，易于清洗、消毒或灭菌。便于生产操作和维修保养，并能防止差错和减少污染。

1. 设备选择首先要满足工艺流程、各项工艺参数要求，并依据这些要求选择与设备相应的功能。

2. 设备最大生产能力应大于设计工艺要求，尽量避免设备长期在最大能力负荷下运行。

3. 设备的最高工作精度应高于工艺精度要求，对产品质量参数范围留有调节余量。

4. 设备尽可能选择密闭工艺过程结构设计，以避免暴露产生污染及交叉污染。

5. 设备内表面平整光滑，无死角、易清洗、消毒或灭菌。设备结构需考虑方便维修，例如：采用可靠性设计，有足够的维修空间拆装零部件，易损零件应便于拆装，有逻辑关系的传动系统零位有明确标记，尽可能采用故障报警系统显示重要故障信息，所有电线及接线端子具有可靠连接和标号，配电箱有上锁挂牌的功能。

6. 凡与保健食品直接接触的设备部位的材料，均需查明材料物理化学特性，保证其不与保健食品发生反应、吸附或释放等，并根据产品工艺特性考虑耐温、耐蚀、耐磨、强度等特性进行适当选择，避免盲目选择，导致不能满足工艺要求或产生浪费。凡与保健食品直接接触的容器、工具、器具应表面整洁，易清洗消毒，不易产生脱落物。

7. 设备的润滑和冷却部位应可靠密封，防止润滑油脂、冷却液泄露对保健食品或包装材料造成污染，对有保健食品污染风险的部位应使用食品级润滑油脂和冷却液。

8. 生产中发尘量大的设备如粉碎、过筛、混合、制粒、干燥、压片、包衣等设备，应设计或选用封闭并有吸尘或除尘装置，吸尘或除尘装置的出风口应有过滤及防止空气倒灌的装置。

9. 用于生产的配料罐、混合槽、灭菌设备及其他机械和用于原料精制、干燥、包装的设备，其容量尽可能与批量相适应，以尽可能减少批次、换批号、清场、清洗设备等。

10. 生产过程中应避免使用易碎、易脱屑、易长霉器具；使用筛网时应有防止因筛网断裂而造成污染的措施。

11. 灭菌柜宜采用双扉式，并具有自动监测、记录装置，其能力应与生产批量相适应。

12. 设备选择需考虑当地政府对安全环境的法规要求。特种危险设备需选择有设计、制造、安装资质的供应商。

13. 特种危险设备、管道需有安全卸压装置、防腐防泄漏装置、防爆防静电装置、困境通讯装置、紧急故障切断功能。

14. 排放的工艺废水和工艺废气需经过恰当的处理，使其满足环保规范要求。

15. 设备设计或选用应考虑其性能能满足生产工艺的有关要求。

16. 用于生产和检验的仪器、仪表、量具、衡器等，其适用范围和精密度应符合生产和检验要求，有明显的合格标志。

17. 设备需考虑人身和产品安全。通常有过载保护、进入危险部位的光电感应停机保护、安全报警装置、电离辐射防护、噪音、照度等设计。

18. 设备应考虑人机工程设计，减少劳动者的劳动强度和长期高频活动损伤。

19. 选用设备宜从实用、先进、经济、方便维修保养、清洁等方面综合考虑，切忌片面追求先进和大而全，导致加大投资与维护费用的负担。

二、设备的制造

设备的制造要使得所有与保健食品接触的设备表面和设备本身所使用的物料以及加工均符合规定的要求。

1. 设备的用材 设备的取材，特别是与保健食品接触的设备部件的取材，对保健食品质量有很大影响。要针对工艺要求与用材的优缺点进行试验研究，以择优使用最佳方案。

（1）高聚合物、塑料，例如聚氯乙烯、氯化聚氯乙烯、聚丙烯、聚砜等。其优点是性质稳定，不与水反应，可用化学方法清洁和灭菌；缺点是不耐高温，不能接触有机溶媒，表面比较粗糙。一般仅用于制造常温下水处理设备，或涂布于铝合金等金属材料表面。

（2）玻璃有中性玻璃和碱性玻璃。碱性玻璃的优点是化学稳定性好，几乎不与任何化学物质反应（氢氟酸除外）；缺点是机械强度差、价格高，缺乏必要的配套零部件，因而使用不广泛。

（3）搪玻璃基质是薄钢板，优点是机械强度较好，表层涂料与水和有机溶媒不起反应；缺点是经不起过分撞击，否则表层涂料易破裂。

（4）有色合金的优点是化学抗腐蚀性好，机械性能高；缺点是价格太高。

（5）不锈钢是目前采用较多的金属材料，具有上述有色合金的优点，还耐高温，价格相对来说尚能承受。

由于保健食品设备的多样性，究竟选择哪种材料制造设备，除了要考虑上述所讲的工艺要求与用材的优缺点外，还要考虑所加工保健食品的原料与辅料的性质。例如，水和有机溶媒通常比固体物料反应性更强，因而要求较为特殊的加工设备。再如，化学反应速率是温度的函数，高温操作则增加了影响产品纯度、一致性或含量的可能性，也对加工设备提出了一定的附加要求。

2. 设备密闭性 保健食品设备与其他设备一样，存在着需要润滑或冷却的部件。为了避免由此可能引起的污染，要求在设备的设计与制造过程中，采用一系列措施，以保证所使用的润滑剂或冷却剂，不得与保健食品原料、容器、塞子、中间体或保健食品本身接触。具体地说，应将所有需要润滑的部件（如电机、驱动带、齿轮等），尽可能地与设备和产品接触的开口处或接触表面分隔开。对于难以完全满足这一要求的设备，则要求润滑油不流到产品中，对有保健食品污染风险的部位应使用食品级润滑油和冷却液。

3. 设备的加工 设备的加工要有较高的精密度，不仅可避免不能完全分隔部件所用的润滑油或冷却剂不污染产品，而且对于可能与保健食品直接接触的泵、搅拌器等设备来说更为重要。在使用不锈钢为材料的设备加工中更是要求加工质量提高，特别是成型加工、抛光焊接等工艺，要避免带来杂质或由抛光磨砂引起锐边等。这就促使保健食品用不锈钢设备采用全自动运行焊接和电抛光法等先进工艺技术。另外，还要重视加工过程中所选用的配件质量。例如纯化水系统，要使用具光洁面层的连接件，可使用快速卡箍式接头代替传统的法兰接头和罗丝接头。

三、设备的安装、调试与启用

保健食品生产设备的安装，也应以符合生产要求、易于清洗、消毒和灭菌、便于生产操作和维修保养，并能有效预防、减少污染（交叉污染）和差错为基本要求，具体从以下几点展开。

1. 设备的安装布局要与生产工艺流程、生产区域的空气洁净级别相适应，并利于这三者之间的衔接，做到整齐、流畅、效率。

2. 设备在到货后，对设备的外观包装、规格型号、零部件、附属仪表仪器、随机备件、工具、说明书及其他相关资料逐一进行检查核对，并将检查记录作为设备安装资料的一部分存档。

3. 同一台设备的安装如穿越不同的洁净区域，区域之间则应保证良好的密封性，并根据穿越部位的功能与运转方式进行保护、隔离、分段分级单独处理。

4. 与设备连接的管道要做到排列整齐、牢固，标识正确、鲜明，并指明内容物和流向，预防差错。

5. 需要包装的设备或管道，表面应光滑平整，不得有物质脱落的现象出现，可采取以合适材料再包装的方式使其得到保证。

6. 设备的安装要考虑到清洁、消毒、灭菌的可操作性与效果，如合适的位置、相应的配套设施等。

7. 设备的安装应考虑对操作人员的保护与方便，保持控制部分与设备的适当距离，有利于工艺执行和生产过程的调节与控制，预防差错。

8. 设备的安装应考虑维修和保养的方式与位置。设备之间、设备与墙面之间、设备与地面之间、设备与顶棚之间都要保持适当的距离。

9. 设备的安装施工和调试过程应符合设计要求和相关行业标准规范，并有施工记录，需组织专业人员对施工全过程进行检查验收。

10. 设备安装过程需进行安装确认（IQ）；设备完成安装调试后需进行运行确认（OQ）和性能确认（PQ），这些确认文件应事先依据《用户需求》和《设计确认》文件起草草案经审核批准后执行，最终形成报告，确认符合用户需求。

11. 设备启用前需建立日后运行和维护所需的基本信息，包括建立设备技术参数、设备财务信息、售后服务信息、仪表校验计划、维修计划、设备技术资料存档、设备备件计划、设备标准操作规程、清洗清洁操作规程、设备运行日志等。推荐采用计算机设备管理系统。

12. 操作和维修人员应得到相应培训。

四、设备工艺管道的材质要求和设计要求

设备管道所选材料应根据装载、贮存或输送物料的理化性质和使用状况，满足工艺要求，不吸附、不污染介质，以及施工、维修方便等因素确定，尤其是直接接触保健食品的设备管道要求更高。如生产用水的贮存和输送最担心的就是二次污染。

从洁净和灭菌要求考虑，直接接触保健食品的设备管道采用含碳分别为 0.008% 和 0.003% 的 316 钢和 316 L 钢，以减少材质对保健食品和工艺水质的污染。为防止物料在设备管道内滞留，造成微生物的滋长，管道内壁应光滑、无死角，管道设计应减少支管、管件、阀门和盲管。为便于清洗、灭菌，需要清洗、灭菌的零部件要易于拆装，不便拆装的要有清洗口。

扫码"学一学"

第三节 设备的清洁与维修

生产设备的清洁与维修对于保证生产保健食品的质量起着十分重要的作用。从另一方面说，生产设备清洁与维修的操作不得影响产品的质量。

一、设备的清洁要求

依据设备性能、生产工艺和产品特性，建立标准文件、程序，对设备的操作、清洁、标识、使用记录、变化管理（变更）以及验证管理等使用过程进行规范和要求；明确使用过程中人员的资格要求和职责划分；对关键和特殊设备、设施，如自动化设备、清洁设备设施、生产模具等）加强控制；采取措施避免设备在使用过程中的污染、交叉污染和产品混淆，降低污染产品和环境的风险。

保健食品的产出主要通过设备实现，按照规定的要求，规范地使用、管理设备主要包括清洁、维护、维修、使用等，都应有相对应的文件和记录，所有活动都应由经过培训合格的人员进行。每次使用后及时填写设备相关记录和设备运行日志，设备使用或停用时状态应该显著标示等，这些不仅是保健食品生产质量得以有保证的重要环节之一，也是保健食品生产企业质量管理和生产管理的关键要素，违背了这一要求，不仅会使实物质量得不到保证，造成质量体系和生产体系的混乱，而且会对设备安全、环境安全，甚至员工人身安全造成不良影响。同时，设备使用过程中应明确环境、健康、安全（EHS）管理方面的要求，不仅要规定设备使用过程中对人员、设备安全保障、劳动防护等方面的措施，还应对设备使用过程中释放的废水、废气、噪声等对环境、人员安全健康造成损害方面提出相关要求及控制。

（一）洁净、清洗与消毒灭菌的要求

1. 洁净功能　对保健食品的基本要求，对生产设备来讲，起码要做到两点：①设备本身不对生产环境形成污染；②设备本身不对药品产生污染。

要达到这两点要求，就必须在保健食品生产过程中，为设备设计净化功能。

不同的工艺生产设备，要求的功能形式也不尽相同。例如，热风循环干燥的设备，气流污染是最明显的，因此需考虑其循环空气的净化；洗瓶、洗胶塞等应考虑工艺用水的纯净程度；粉碎、制粒、包衣、压片等粉体机械，应考虑其散发尘粒的控制；灌装设备的防尘需采取特殊的净化方法和装置等。

2. 清洗功能　目前保健食品设备多用人工清洗，但有向在线清洗发展的趋势。人工清洗在克服了物料间交叉污染的同时，常常容易带来新的污染，加上设备结构因素，使之不易清洗，这样的事例在生产中多有发生。

3. 消毒灭菌功能　在设备的就地清洗功能的基础上就可以进行消毒或灭菌。例如，灌装线应用汽化过氧化氢在线灭菌，或纯蒸汽对料液管道进行在线灭菌等。

（二）对清洁设备与使用的容器、工具的基本要求

不脱落纤维和微粒；应可以洗涤、消毒、干燥；各卫生区域的清洁工具，应有明显标志，不得混用；清洁工具不得选用竹、木质、全棉或棉混合等易脱落颗粒及生长微生物的材料。

（三）设备清洁的方法

可以使用热水、清洁剂和蒸汽。由于设备的材质多是不锈钢或高密度聚合物，所以可以在一定温度条件下清洁或采用猛烈的喷射方法冲洗。

对所有的设备均要制定固定的洗涤周期。这种周期要综合考虑设备所用材料、生产过程中的药物性质等因素，并通过试验证明没有残留药物和残存清洁剂。洗涤周期一旦确定，就应严格遵循。原则上说，同一设备连续加工同一无菌产品时，每批之间要清洗灭菌；同一设备加工同一非灭菌产品时，至少每周或每生产三批后进行全面的清洗。

对设备的清洁要求，具体地讲，有以下几点。

1. 《设备清洁规程》制定的主要依据为设备的类型与结构、用途、所加工产品（物料）的理化性能、生产工艺要求、使用地点的洁净级别与要求清洁的内容与方式。

设备的清洁内容一般为清洁、消毒、灭菌、干燥等。通常可分为就地清洁、移动清洁和混合清洁。移动清洁又可分为整机移动清洁和拆卸式移动清洁。要尽可能多地采用移动清洁的方式，进入专用的清洁区进行清洁、消毒、灭菌。

清洁规程特别要明确清洁方法、清洁周期、清洁后的检查与验证方法、清洁记录与保存的要求。

2. 建立并做好设备清洗记录。

3. 对清洁设备及其所使用的容器、工具要符合基本要求。清洁设备、容器、工具、区域应有明确的要求，从材料、使用到自身的清洁、干燥、存放等。

二、设备的维修要求

设备维修与维护是生产质量管理的基本要求之一。建立良好维修作业规范（MGP）主

要是通过实施有计划、周期性的维修活动来保护公司的设备与系统。通过实施主动性维修来保证产品都能在高稳定及高可靠性的状态下生产。

（一）设备维修的管理要求

1. 保障正常生产，减少人身和设备事故。

2. 最大限度发挥设备效率，减少资源、能源消耗。

3. 修正设备缺陷，完善设备性能以确保产品的质量。

4. 合理调配资金，减少维修费用，改善设备运行的经济性。

（二）设备维修的类别

1. 大修是工作量最大的一种修理。大修时，对设备的全部或大部分进行解体；修复基准件；更换不合格零件；修理、调整电气系统；整定控制系统各信号或参数；翻新外观，从而达到全面消除维修前缺陷、恢复设备的规定精度和性能的目的。

2. 中修是根据设备的实际技术状态，对状态劣化已达不到生产工艺要求的项目，进行针对性的修理。一般中修只做局部拆卸、检查、更换和修复，从而恢复所修部分的精度和性能。

3. 小修主要针对日常和定期检查时发现的磨损、老化、失效或即将失效的设备元器件、零件，进行拆卸、更换、调整个别零部件，以恢复设备的正常功能和工作能力。

（三）设备维修计划的编制

维修计划实际是为了使系统（或其组成部分，如设施、设备等）性能尽可能与出厂时的状态保持一致而制定维修任务时所使用的文件化依据。维修计划不仅包含维修任务执行的时间计划，还应包含具体的维修方法，以准备和建立维修任务列表，根据这些列表进行维修活动才能保证系统持续、稳定的运行，并进一步通过系统、有效的方法对设备的组成部分、生产流程或整个系统进行维护。

设备维修计划主要有年度和月度计划两种。

1. 年度计划规定了设备大修、中修实施的大致时间。大修计划任务书主要包括大修内容、参与修理的工种及各工种人数、实施修理时间、设备大修标准、大修工时定额、大修主要备件及材料表、大修所需其他技术资料、中修项目表、中修标准等。

2. 月度计划中具体规定了上述维修的执行日期以及小修、部分事后维修的内容，它的全部内容都由月度维修计划表反映。

（四）制定《设备维护检修规程》

1. 检修间隔期（大、中、小修间隔期）。

2. 检修内容（大、中、小修间隔期）。

3. 检修前的准备（技术准备、物质准备、安全技术准备、制定检修方案、编制检修计划、费用计划、明确责任人员）；检修方案（设备拆装程序和方法、主要零部件检修工艺）。

4. 检修质量标准。

5. 试车与验收。

6. 维护及常见故障处理。

第四节　设备的管理

对保健食品生产企业来说，设备的管理是全过程、全方位的，包括从选型、采购到安装、试车；从验证、使用到清洁、维修与保养；从现场管理到基础管理等。设备是搞好生产的物质技术基础。搞好设备管理是提高产品质量，降低物质消耗、节约能源、安全生产、增加企业经济效益和实现生产现代化的重要条件。从设备选型、采购（或设计、加工）、调试、验证、运行使用、检修、维护、保养、调拨，到鉴定、报废的全过程管理称为设备管理。保健食品生产企业必须有专职或兼职的设备管理部门，并负责设备的基础管理工作、建立健全相应的设备管理制度和组织实施。

一、设备资产与技术档案管理

所有设备、仪器、仪表、衡器必须登记造册。固定资产设备必须建立台账（包括：序号、固定资产号、名称、规格、启用时间、原值、制造单位、功率、安装位置、设备类别、主体材质、重量、制造日期，附电机型号、位置号、数量、工艺介质、压力、温度、生产能力等）、卡片。

特殊设备的管理还应按有关的法律和专业要求执行，如压力容器类设备。主要设备要逐台建立档案。

1. 设备档案的内容

（1）生产厂家、型号、规格、生产能力、出厂日期、购置日期。

（2）安装位置、施工图。

（3）安装使用说明书、制造合格证，如为压力容器应有压力容器质量证明书。

（4）设备图纸，易损件、备件、附件等清单。

（5）工艺管线图、隐蔽工程动力系统图。

（6）设备履历卡片、设备编号、主要规格、安装地点、投产日期、附属设备名称规格、主要操作运行条件、设备变动记录等。

（7）检修、维护、保养的内容、周期和记录。

（8）设备技术鉴定记录及技术台账。

2. 技术鉴定及技术台账的内容

（1）主要设备的验证资料。

（2）主要设备技术革新成果汇总表。

（3）设备技术状况汇总表（设备完好率、泄漏率和设备主要缺陷）。

（4）设备检修状况汇总表（大修项目、实际完成项目、计划外项目计划检修工时、实际完成检修工时、维修费用等）。

（5）设备事故汇总表（事故次数、停机时间、停机损失）。

（6）设备备品备件、材料消耗汇总表。

二、设备的使用与清洁管理

1. 关键设备如液体无菌过滤器、空气过滤系统、灭菌设备、蒸馏器等，应经验证合格方可使用。验证应有记录并保存。

2. 建立每类（台）设备的操作规程，做到有人负责，按规定进行操作。设备有编号，建立设备的运行记录和状态标志。

（1）设备运行记录。

（2）设备周检、点检记录。

（3）设备润滑记录。

（4）设备维修保养记录。

（5）设备故障分析记录。

（6）设备事故报告表。

3. 生产企业应当开展员工掌握正确使用设备的知识和技能的培训，包括熟悉设备结构、性能、安全知识、清洁要求、保养方法等，结合生产工艺，掌握操作要点。

4. 操作人员必须严格遵守设备操作规程，并对设备做到"四懂三会"（懂结构、懂原理、懂性能、懂用途；会使用、会维护保养、会排除故障），重要设备和精密仪器岗位上要有简明的"操作要点"牌。

5. 设备维护保养必须按岗位实行包机负责制，做到每台设备、每块仪表、每个阀门、每条管线都有专人维护保养。为做好此项工作，各部门应建立设备台帐和档案，力求做到准确无误。

6. 每台设备都要有铭牌，并要求写明设备名称、规格、出厂日期、设备位号或固定资产号、保养人姓名等。受压容器按《压力容器使用管理规定》执行。

7. 新工人要先进行技术培训，经厂统一考试合格，持证才能上岗独立操作；精密仪器、锅炉、电工、电焊工、化验、机动车辆等操作人员要保持相对稳定，并有专业操作证。

8. 操作人员上岗操作时，特别要做好如下工作。其完成情况同生产任务完成情况一样，列入经济责任制考核内容。

（1）转动设备启动前，必须认真检查紧固螺栓是否齐全牢靠，转动体上无异物，并确认能转动；检查安全装置是否完整、灵敏好用。设备运转时，要仔细观察，做好记录，发现异常及时处理。停机后或下班前做好清理、清扫等项工作，并将设备状况与接班工人交接清楚。

（2）严格执行操作指标，严禁超温、超压、超速、超负荷运行。操作人员有及时处理和反映设备缺陷的责任，有使危及安全或可能造成严重损失的设备停止使用的权利，但必须迅速向有关人员反映。

（3）精心维护，经常巡视，运用"五字"操作法（听、摸、擦、看、比）对设备进行检查，及时排除故障，保持设备完整无缺陷、灵活好用。

（4）做好设备的防冻、防腐、保温（冷）和堵漏工作。分工原则：设备本体、轴封的泄漏，DN50以上的阀门、管件的更换、检修，焊缝焊接等，由保全工负责；岗位上所有阀门管件换垫片及换压填料，DN50及以下的阀门管件的更换、检修，岗位设备管道的保温、油漆、防冻等工作由操作工负责（大面积的由设备员统一安排）。

（5）搞好设备（包括备用和在岗的停用设备）及环境的卫生，做到沟见底、轴见光、设备见本色、门窗玻璃净。物料、工具要堆放整齐，做到文明生产。

（6）认真填写设备的运行记录和缺陷记录，掌握设备故障规律及其预防、判断和紧急处理措施，确保安全生产。

9. 对闲置（停用半年以上）、封存（停用一年以上）和备用的设备，由车间设备员安排检修，并指定专人维护保养。如车间不再使用或已拆下和未安装的备用设备应通知设备管理部门集中建账保管，各单位需用时，到设备管理部门办理启用、借用或领用、调拨手续，由设备管理部门负责送至现场。

10. 设备、管道的涂色除蒸汽管道全涂红色外，其余按有关规定执行。设备、管道的保温要尽量采用新材料，符合节能规定，平整美观，所有保温、油漆要保持完整，随坏随修。

11. 设备润滑要严格执行"设备润滑管理规定"，实行"五定、三过滤"，特别是要定期清洗润滑系统及工具；对自动注油的润滑点，要经常检查滤网，油压、油位、油质、注油量，及时处理不正常情况。

12. 操作人员必须认真把设备运行故障、隐患等情况写在交接班记录上，并与接班人交接清楚，接班人有以下权利。

（1）对设备运行状况不清不接。

（2）对设备故障及隐患记录不清不接。

（3）对岗位工作、器具不全的原因不清不接。

（4）对岗位工作、器具堆放不整齐，设备及环境卫生不好不接。

（5）对已发生的事故原因不明，又无安全人员签字不接，但必须立即向当班车间领导反映。

13. 生产用模具的采购、验收、保管、维护、发放及报废应制定相应管理制度，设专人、专柜保管，并有相应记录。

14. 车间巡检员（或保全、电工、仪表工）应严格执行"巡回检查规定"；除认真填写好"巡回检查记录"外，还应该在各岗位交接班记录上签署姓名和意见，车间设备员或设备主任，每周最少要抽查一次"巡回检查记录"，并在上面签字。

第五节　计量管理

保健食品质量是企业的生命，计量工作则是保证产品质量的重要手段。为此保健食品企业应该建立计量管理体系，依据体系指导并开展企业内的计量校准工作的实施，应设专门的部门和人员管理并执行计量工作，应建立计量管理规程、校准台账计划、校准操作规程、校准记录表、偏差处理和变更控制流程等。计量工作与产品质量、经济效益有着直接的关系。生产过程的控制、检测都必须建立在计量器具准确、可靠的基础上才有意义。

《保健食品GMP》中要求企业内生产和检验相关的仪器仪表必须经过校准，必须按照相应的SOP规定的方法开展校准工作，所制定的允许误差必须满足使用要求。《中华人民共和国计量法》《中华人民共和国强制检定的工作计量器具明细目录》对相关校验也有一定的强制要求。计量标准器应该比被校准仪表有更高的精度，并能够溯源到国家、国际或认可组织的标准。

扫码"学一学"

一、计量管理与认证

计量管理是协调计量技术、计量经济、计量法制三者之间关系的总称。

保健食品企业计量工作的基本任务就是保证计量器具配备齐全，计量统一，量值准确可靠，使量具处于完好的状态。其工作内容为：贯彻执行各种计量法规、制度；采用与保健食品生产相适应的测量手段；正确使用和维护计量仪器设备，规划、制定保健食品生产工艺过程中的计量管理制度。

1. 计量工作的重要作用

（1）保健食品生产过程中工艺参数的控制计量技术是保健食品生产中对工艺参数监控的主要手段。如保健食品生产过程中，经常遇到的温度、压力、流量、pH、重量、装量、含量等，通过控制这些参数值，就能保证保健食品生产正常进行和药品质量。

（2）评价保健食品质量对采购进厂的原料、辅料、包装材料、容器、半成品（或中间体）、成品等用计量手段严格把关，确定是否符合技术要求和质量标准。

（3）对企业安全保障和环境的监控。

（4）对水源、电力、蒸汽等能源的计量监测。

（5）经营管理方面除能源外的物资消耗定额的计量管理。

（6）提供计量测量数据信息是企业生产信息流的主要组成部分，也是促进企业技术进步和管理的重要基础。

2. 计量管理的内容 包括计量单位管理、量值管理传递、计量器具管理和计量机构的管理。计量管理又分为强制性计量管理和非强制性计量管理。

3. 计量管理是保健食品质量管理的基础 保健食品的检验是保健食品生产过程中计量测试工作的具体表现。为了保证保健食品生产的质量，国家规定保健食品生产企业要通过各项工程等方面的验收，其中包括计量认证工作。

我国的计量管理法律法规所讲的计量认证主要是指产品质量检验机构的计量认证。从广义上说，保健食品企业的产品质量检验机构应经过相应形式的计量认证。校准是计量确认的核心，计量确认所包含的校准、调整、修理等是一组密切相关的技术操作。检定要依据计量检定规程给出合格与否的结论，校准不需判定计量器具的合格与否。检定发给检定证书或检定结果通知书，而校准发校准证书或校准报告。校准是自下而上的量值溯源，检定是自上而下的量值传递。检定和校准是保证计量溯源性的两种形式。

产品质量检验机构计量认证的内容包括以下三个方面。

（1）计量检定、测试设备的性能。

（2）计量检定、测试设备的工作环境和人员的操作技能。

（3）保证量值统一、准确的措施及检测数据公正可靠的管理制度。

二、生产企业计量管理的主要内容

1. 建立计量器具的台账、卡片，健全各种技术资料档案。

2. 组织负责各环节的计量检测，提供计量保证。

对申购计量器具的计划进行审批，从专业技术上把关，使购置的计量器具从量程、精度和功能上满足测量参数的要求，不得购置无生产许可证的产品。

3. 对计量器具进行入库验收，确保质量符合要求，对质量不合格及运输过程中所致的精度差或损坏应及时处理，验收合格的计量器具要办理入库手续及时登记台账。

4. 计量器具用前要进行检定，需填写领料单，并填写计量器具卡片，经计量主管人员核对签字，领用出库。

（1）计量器具在使用中要巡回检查，精心维护。

（2）计量器具在使用中出现问题，经检修后精度仍未达到原标准，但误差在下一级精度内的，可降级使用；如性能不稳定，主要部件损坏或性能老化的，可报废处理。

5. 计量器具要进行周期检定，以保证计量器具在使用中的精度。

（1）制订计量器具的年度检定计划，并切实执行。

（2）计量器具上应贴检定合格证，无证不得使用。

6. 精密仪器应放置在清洁干燥的环境中，放置的台面上应该有防震和减震措施。

三、计量器具检定周期

对所用的计量器具按规定周期进行检定。在保健食品生产过程和质量检验中所用的器具，应按规定送交计量部门进行检查。校准必须按规定的校准时间间隔（对于检定称为检定周期）进行校准，绝对不允许未经校准的测量设备投入使用，也不允许超期使用。在实际工作中，在强化对强检计量器具进行监管的同时，对大量的非强制检定的计量器具应推广校准。

1. 强检类　酸度计、旋光仪等精密检测仪器检定周期为一年；天平、砝码、精密压力表、锅炉用表、氧气乙炔表、衡器检定周期为一年。

2. 常检类　普通压力表等检定周期为半年。

3. 检定周期内失准、损坏的计量器具　由使用单位送到工程部复检或修复，不能校准或损坏的按报废处理，禁止超期使用。

第六节　生产用水系统管理

一、设备、管路及分配系统的基本要求

1. 饮用水管路　生活水管应采用镀锌管或给水塑料管，冷却循环给水和回水管宜采用镀锌钢管。

2. 预处理设备　工艺用水预处理设备可根据水质情况配备；多介质机械过滤器能手动或自动反冲或再生、排放；活性炭过滤器为有机物集中地，为防止细菌及细菌内毒素的污染，除要求能反冲外，还可用蒸汽消毒或巴氏消毒（80℃的汽、水混合物喷淋灭菌2小时）。

3. 纯化水设备　反渗透装置在进口处必须安装3.0 μm的水过滤器；去离子器可采用混合床；通过混合床等去离子器后的纯化水必须循环，使水质稳定；由于紫外消毒的穿透性较差，紫外灯应安装在过滤器的下游；由于紫外等激发的255 nm波长的光波与时间成反比，故要求有记录紫外灯使用时间的仪表；若采用蒸馏工艺制备纯化水，宜采用多效蒸馏

扫码"学一学"

水机，其材质为优质不锈钢材料电抛光并钝化处理。

4. 注射用水设备及纯蒸汽发生器 多效蒸馏，能反复利用热源，减少能耗；预热器外置，以防止注射用水交叉污染；蒸馏水机冷凝器上的排气口必须安装 0.22 μm 的疏水性除菌过滤器，此过滤器使用前必须做起泡点试验；蒸馏水机、纯蒸汽发生器采用 316 L 不锈钢材料、电抛光并钝化处理。

5. 贮水容器（贮罐） 与生产用水接触的贮罐罐体材料应采用耐腐蚀、无污染、无毒、无味、易清洗、耐高温的材料制造。通常，工艺用水贮罐采用优质的 316 L 不锈钢材料制作，内壁电抛光并钝化处理。而不直接与工艺用水接触的部位、零件则可以使用 304 L 不锈钢材料制造。贮水罐上安装 0.22 μm 疏水性的通气过滤器（呼吸器）并可以加热消毒。无论中间贮罐还是纯化水、注射用水贮罐，均不得敞口，以防外源性污染。使用疏水性过滤器时，在排气的过滤器安装温控外套，以防止蒸汽冷凝阻塞贮水罐排气管。能耐受 121℃高温消毒或化学药剂消毒。压力容器的设计、制造，由有许可证的单位及合格人员承担，必须按国家"压力容器安全技术监察规程"的有关规定办理。贮罐要密封、内表面要光滑、能对贮罐顶部空间进行喷淋。排水阀采用不锈钢隔膜阀。

6. 管路及分配系统 优质不锈钢（注射用水宜选用 316 L 材料）管材内壁电抛光并钝化处理。管道采用热熔式氩弧焊焊接连接，或者采用卫生夹头分段连接。阀门采用不锈钢聚四氟乙烯隔膜阀或蝶阀，避免使用球阀、闸阀、截止阀。卫生夹头连接，管道有一定的倾斜度，并设有排放点，便于排除存水，以保证必要时能够完全排空。管道采取循环布置，回水流入贮罐，可采用串联连接，使用点装阀门处的"死角"段长度，加热系统不得大于6 倍管径，冷却系统不得大于 4 倍管径；管路可用化学药剂消毒、巴氏消毒或蒸汽消毒。当采用蒸汽消毒法时，非无菌生产用经过滤处理的工业蒸汽消毒，无菌生产用清洁蒸汽消毒，消毒温度 121℃。

7. 输送泵 优质不锈钢制造，电抛光并钝化处理；用卫生夹头作为连接件；由纯化水、注射用水本身作为泵的润滑剂。

二、生产用水管道的安装

1. 洁净室（区）工艺用水管道的干管，宜敷设在技术夹层、技术夹道中；干管系统应设置吹扫口、排水口、取样口，需要拆洗、消毒及易燃、易爆、有毒物质的管道宜明敷。

2. 引入洁净室（区）各类管道的支管宜暗敷。必须明敷的管道，设计和安装时应避免出现不易清洁的部位。

3. 各类管道不宜穿越与其无关的洁净室（区）。穿越洁净室（区）墙、楼板、顶棚的各类管道应敷设套管，套管内的管道不应有焊缝、螺丝和法兰。管道与套管之间应有可靠的密封措施。

4. 洁净室（区）各类管道上的阀门、管件材料，应与管道材料相适应。所用的阀门、管件，除满足工艺要求外，应便于拆洗、检修。

5. 洁净室（区）各类管道，均应设指明内容物及流向的标志。

三、生产用水的制备、贮存和使用

纯化水、注射用水的制备、贮存和分配应当能够防止微生物的滋生。纯化水可采用循环，注射用水可采用70℃以上保温循环。贮罐和输送管道所用材料应无毒、耐腐蚀。管道的设计和安装应避免死角、盲管。贮罐和管道要规定清洗、灭菌周期。贮罐的通气口应安装不脱落纤维的疏水性除菌滤器。

1. 生产用水的制备

（1）饮用水 一般宜采用城市自来水管网提供的符合国家饮用水标准的给水。若当地无符合国家饮用水标准的自来水供给，可采用水质较好的井水、河水为原水，为保障供给的原水水质，可采用沉淀、过滤、消毒灭菌等处理手段，自行制备处理成符合国家饮用水标准的饮用水。

（2）纯化水 应严格控制离子含量。目前采用控制纯化水电阻率的方法是控制离子含量。制备纯化水设备应采用优质低碳不锈钢或其他经验证不污染水质的材料。应定期检测纯化水水质。定期清洗设备管道，更换膜材或再生离子活性。

（3）注射用水 我国目前一般采用蒸馏法，设备主要有多效蒸馏水机和气压式蒸馏水机等。

2. 生产用水储存和保护 注射用水储存罐宜采用保温夹套，保证70℃以上保温循环。无菌制剂用注射用水宜采用氮气保护。不用氮气保护的注射用水储罐的通气口应安装不脱落纤维的疏水性除菌滤器。储罐宜采用球形或圆柱形，内壁应光滑，接管和焊缝不应有死角和沙眼。应采用不会形成滞水污染的显示液面、温度、压力等参数和传感器。

纯化水储存周期不宜大于24小时，注射用水储存周期不宜大于12小时。储存纯化水和注射用水的储罐要定期清洗、消毒灭菌，并对清洗、灭菌效果验证确认。

3. 纯化水、注射用水系统的日常管理 制水系统的日常管理包括运行、维修，它与验证及正常使用关系极大，所以应建立日常维护（表5-1）、日常检查（表5-2）、监控、预修计划，以确保水系统的运行始终处于受控状态，应包括以下内容。

（1）制水系统的操作、维修规程。

（2）关键的水质参数和运行参数的监测计划，包括关键仪表的校准。

表5-1 纯化水、注射用水系统的日常维护

维护名称	维护项目	维护周期
原水箱	罐内清洗	1次/季
机械过滤器	正洗、反洗	△P>0.08 MPa 或 SDI>4
活性炭过滤器	清洗	△P>0.08 MPa 或每3天
活性炭过滤器	余氯	<0.05 mg/L
活性炭	消毒、更换	消毒/3月，更换/年，定期补充
RO膜	2%柠檬酸清洗	△P>0.4 MPa，或每半年
RO膜	消毒剂浸泡	停产期
纯化水罐、管道	清洗、消毒	1次/月
紫外灯管	定时更换	进口7000小时，国产2000小时
注射用水罐、管道	清洗、灭菌	1次/周
除菌过滤器	在线消毒灭菌、更换	每月检测，每年更换
呼吸器	在线消毒灭菌、更换	每2月检测，每年更换

表 5-2　纯化水、注射用水系统的日常检查

检查名称	检查项目	检查周期
饮用水	防疫站全检	至少 1 次/年
机械过滤器	△P、SDI	1 次/2 小时
活性炭过滤器	△P	1 次/2 小时
活性炭过滤器	余氯	1 次/2 小时
RO 膜	△P、电导率、流量	1 次/2 小时
紫外灯管	计时器时间	2 次/日
纯化水	电导率、酸碱度、氨、氯化物	1 次/2 小时
纯化水	全检	每周
注射用水	电导率、pH、氨、氯化物	1 次/2 小时
注射用水	全检	每周
注射用水温度	储灌、回水温度	1 次/2 小时

? 思考题

1. 生产质量管理对设备提出的基本要求有哪些?
2. 保健食品设备的清洁、维护要求有哪些?
3. 生产用水的制备、贮存和使用有哪些内容?
4. 设备资产与技术档案管理有哪些内容?
5. 计量器具检定周期有哪些内容?

实训二　设备维护、保养管理规程

文件名称	设备维护、保养管理规程						
文件编号			替代规程				
编订依据							
起草人/日期			颁发部门				
审核人/日期			颁发日期				
批准人/日期			生效日期				
分发单位	总经理	质量部	技术部	生产部	制剂车间	提取车间	销售部
分发数量	份	份	份	份	份	份	份

一、实训目的

学会预防性维护、保养设备，防止事故的发生，保证设备的正常运行。

二、实训范围

所有使用设备。

三、实训职责

设备维护、保养人员对本操作规程的实施负责。

四、实训内容

设备的维护保养，主要目的是及时处理设备运行中经常出现的不正常状态，延长使用寿命，减少故障的发生。维护工作的内容包括：实行三级保养规程；执行设备检查（日常检查、定期检查）规程；做好设备运行的有关信息收集和记录等。

1. 设备三级保养规程

设备在使用过程中实行三级保养规程：对设备实行日常保养、一级保养和二级保养。

（1）日常保养　检查、擦试设备的各个部位，该项工作由设备操作工负责，按规定加油、紧固和调整易松动的螺丝。检查调整设备状态，通过保养，使设备保持整齐、清洁润滑、安全，做到机件无油垢、无灰尘，设备见本色，无跑冒滴漏，有故障时应及时给予排除，认真做好《设备日常保养维护记录》。

（2）一级保养　每月一次，以维修工为主，操作工为辅，对设备进行局部拆卸和检查，清洗、调整设备各部位配合、间隙，紧固设备各部件。

（3）二级保养　每季度一次，以维修人为主，操作人为辅，按设备检修计划对设备进行局部解体检查和修理，更换修复磨损件，按设备检修计划清洗、换油、检查、修理电器部分，使设备技术状况全面达到设备完好标准。

（4）应认真做好一、二级保养的记录。

（5）设备进行一、二级保养后，应对保养设备进行状态运行检测，合格后方可再次使用。

2. 设备检查规程

（1）定时检查

①一般设备：操作者上、下岗前，必须按规定的时间做好设备检查，如实填写记录。

②特殊设备及主要设备，除做好岗位检查、保养外应按下列要求办理。

a. 锅炉每年检查一次，分别按检定周期做好年检，合格后方可使用。

b. 制剂、包装、包装类机械，每月检修一次，每半年中修一次，每年大修一次。

c. 电器设备春秋季各检查修理一次。

d. 固化干燥类设备及其他附属设备等，均每年检修一次。

（2）巡回检查

①工程部每月一次，深入车间、班组，检查设备运行情况、管理规程执行情况及管线泄漏情况、设备安全情况，检毕做出处理意见，做好记录，入档备案。

②维修工人每班上岗后要对自己分管的设备进行巡回检查，检查内容为：班前对设备状态进行检查，上班过程中，至少巡视一次。设备运行情况，有无跑、冒、滴、漏现象，温度、压力有无异常，做到及时发现，及时解决，并做好设备维修记录，记录要认真、如实。对重大问题上报工程部解决。

③维修工应遵守车间的规章规程，不得因本职的工作影响车间的正常生产。

（陈梁军）

第六章　物料与产品

保健食品生产是将物料加工成产品的一系列操作过程。产品质量基于物料质量，形成于保健食品生产的全过程。可以说，物料质量是产品质量的先决条件和基础。若要始终如一地生产符合质量标准的保健食品，就要切实加强生产物料的监控与管理。

第一节　物料与产品的概念及质量标准

扫码"学一学"

一、概念

物料就是指用于保健食品生产的原料、中间产品、产品和包装材料。

1. 原料　保健食品生产过程中使用的所有投入物，包括加工助剂和食品添加剂。

2. 中间产品　需进一步加工的物质或混合物。

3. 包装材料　产品包装所用的材料，包括与保健食品直接接触的包装材料和容器、印刷包装材料，但不包括运输用的外包装材料。

4. 产品　形成定型包装后的待销售成品。

二、质量标准

质量标准是阐述生产过程中所用物料必须符合的质量要求，是质量评价的基础，是保证产品质量、安全性和一致性的重要依据。就保健食品而言，保健食品生产所需的物料应符合的标准有食品安全国家标准（GB 系列）、中国行业标准（ISO 系列）、企业标准等。企业标准是企业根据国家标准、行业标准和企业的生产技术水平，用户要求等制定的高于行业标准的内控标准（包括原辅料、中间产品、成品等的企业标准）。需要注意的是，在使用无法定标准的物料时，应按规定向卫生行政部门备案。

1. 原料质量标准　原料必须符合食品卫生要求，原料的品种、来源、规格、质量应与批准的配方及产品企业标准相一致。原料可根据生产工艺、成品质量要求及供应商质量体系评估情况，确定需要增加的控制项目；以菌类经人工发酵制得的菌丝体或菌丝体与发酵产物的混合物及微生态类原料，必须索取菌株鉴定报告、稳定性报告及菌株不含耐药因子的证明资料；以藻类、动物及动物组织器官等为原料的，必须索取品种鉴定报告；从动、植物中提取的单一有效物质或以生物、化学合成物为原料的，应索取该物质的理化性质及含量的检测报告；含有兴奋剂或激素的原料，应索取其含量检测报告；经放射性辐射的原料，应索取辐照剂量的有关资料。

2. 辅料质量标准 为保证保健食品的质量，在生产中应将辅料与原料做同样的管理。辅料质量标准参考《中国药典》或以 GB 2760 为依据。对于没有国家标准的辅料，省、自治区、直辖市人民政府卫生行政部门可以制定并公布食品安全地方标准，报国务院卫生行政部门备案，国家标准制定后，该地方标准即行废止。

3. 包装材料质量标准 包材必须按法定标准进行生产，不符合法定标准的包材不得生产、销售和使用。包装材料质量标准可依据国家标准（GB 系列）、行业标准（YY 系列）和协议规格制定。直接接触保健品的包装材料、容器的质量应符合食品卫生要求。一般情况下，保健品的包装材料要求等同于药品包装材料要求。

4. 成品质量标准 可依据国家食品标准制定企业内控标准，企业内控标准一般应高于法定标准。

5. 中间产品和待包装产品的质量标准 中间产品和待包装产品无法制定质量标准，企业应依据法定标准、行业标准和企业的生产技术水平，用户要求等制定高于行业标准的内控标准。内控标准应根据产品开发和生产验证过程中的数据或以往的生产数据来确定，同时还需要综合考虑产品的特性、控制工序对产品质量影响等因素。如果中间产品的检验结果用于成品的质量评价，则应制定与成品质量标准相对应的中间产品质量标准，该质量标准应类似于原辅料或成品质量标准。

第二节　物料的管理

扫码"学一学"

　　物料管理系指保健食品生产所需物料的购入、储存、发放和使用过程中的管理，所涉及的物料指原料、辅料、中间产品、待包装产品、成品、包装材料。

　　物料管理的目的在于：确保保健食品生产所用的原辅料与保健品直接接触的包装材料符合相应的注册质量标准，并不得对保健食品质量有不利影响。对于物料的管理，首先要建立良好的物料管理系统，使物料流向明晰，具有可追溯性。制定完善的物料管理制度，明确的物料和产品的处理，确保物料和产品的正确接收、贮存、发放、使用和发运，采取措施防止污染、交叉污染、混淆和差错。

　　《中华人民共和国食品安全法》规定生产药品所需的原料、辅料、直接接触保健食品的包装材料和容器必须符合药用食品卫生要求。因此物料的使用既需合理又需合法，物料与产品的管理架构如图 6-1 所示。

　　物料的基础管理原则有物料标准管理、物料标识管理和物料状态管理。

　　（1）物料标准管理　通常包括质量需求、供应能力需求、成本需求、物流需求等多方面的标准。

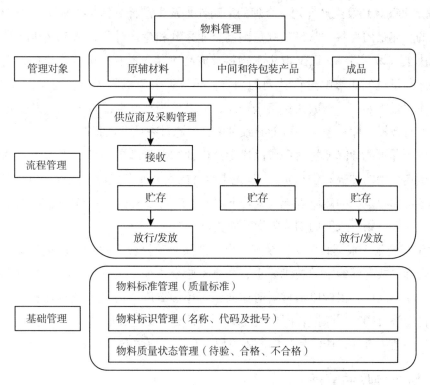

图6-1　物料与产品的管理架构

（2）物料标识管理　物料设定标识的目的在于防止混淆和差错，并为文件的可追溯性奠定基础。名称、代号及批号是物料标识的三个重要组成部分。物料代码是物料的唯一性标识，确保每一种质量标准有区别的物料、中间体和成品都有唯一的种类标识。物料批号是物料批的唯一性标识，可以保证每一批物料都有其唯一的批次标识，应保证企业的物料批号与供应商的物料生产批号之间具有可追溯性。

（3）物料质量状态管理　在待验、合格、不合格、已取样等质量状态下，应有正确的标识，不同质量状态之间的转换应严格遵循相关的程序并有相应的审批记录。

一、物料采购的管理

1. 物料供应商的评估和选择　目前，我国物料供应分为两种，一种是生产企业直接供货的，这种情况只需对生产企业进行审计；另一种是由商业单位供货，这种情况除审计商业单位的经营资质外，还需要对生产企业进行审计。

采购原辅材料前，采购部门必须对生产企业有无法定的生产资格进行确认，并由质量管理部门会同有关部门对主要物料供应商的产品质量和质量保证体系进行考察、审计或认证，然后对生产企业的生产能力、市场信誉进行深入的调查。经质量管理部门确认供应商及其物料合法，具备提供质量稳定物料的能力后，批准将供应商及对应物料列入"合格供应商清单"，作为物料购进、验收的依据。

2. 定点采购　在供货单位确认之后，实行定点采购。一般情况下，不要对供货企业进行经常性变更：①便于供货单位熟练掌握所提供原辅材料的生产工艺，确保提供高质量的原辅材料；②便于本企业及时发现和帮助解决供货单位在生产过程中出现的问题和遇到的困难，共同提高原辅材料的质量，保证生产需要。

3. 确定采购计划及生产计划 合理的采购计划及生产计划能够及时地为企业提供符合质量标准的、充足的物料。销售预测是编制企业采购和生产计划的基础，生产计划的编制一方面取决于市场，另一方面又取决于物料及成品库存。企业以市场为导向，它必须保证不因物料库存量过低而影响生产计划的制订，导致失去商机的风险，但又不能库存过多，与物料的库存量不匹配，造成大量资金积压，同时作为特殊商品的保健品及大部分原辅料都有一定的有效期，库存量不当可能导致过多物料超过有效期而报废。

企业应当尽可能地降低物料和成品库存。因此物料管理应当综合考虑市场的需求及企业的能力确定合理的"库存安全量"。理论上合理的安全库存量应当是保证市场和生产供应前提下的最低库存量，一般以若干天或若干周的生产能力表示，由单位时间的市场需求量、生产能力与周期、物料采购周期等因素共同决定。

4. 索证与合同 根据我国法律规定，出售产品必须符合有关产品质量的法律、法规的规定，符合标准或合同约定的技术要求，并有检验合格证。禁止生产、经销没有产品检验合格证的产品。因此，采购原辅材料时应向销售单位索取产品检验合格证、检验证书。同时，在签订经济合同时，除按合同规定要求，如买卖双方、数量、价格、规格、交货地点、违约责任等一般内容外，应特别注明原辅材料质量标准要求和卫生要求。

二、物料接收的管理

原辅料接收流程如图 6-2 所示。

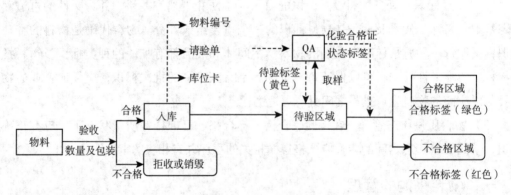

图 6-2 原辅料接收流程图

（一）到货验收

物料到货后，由仓储部门安排专人按规定程序对物料进行验收，验收程序包括以下三个环节。

1. 审查书面凭证 原辅材料到货后，验收人员对随货到达的书面凭证如合同、订单、发票、产品合格证等进行逐项审查，确定这些单据的真实性、规范性和所到货物的一致性，并核对供应商提供的报告单是否符合供应商协议质量标准要求，是否与订单一致，是否来自于质量管理部门批准的供应商处。

2. 外观检查 审查完书面凭证之后，如没有问题，对照书面凭证从外观上逐项核对所到原辅材料的品名、批号、厂家、商标，包装有无破损，原辅材料有无受到污染等情况，大致判定所到货物的品质。必要时，还应进行清洁，发现外包装损坏或其他可能影响物料质量的问题时，应向质量管理部门报告并进行调查和记录。

3. 填写到货记录　根据上述审查和外观检查的实际情况，记录到货原辅材料的一般情况，如品名、规格等；收料情况，如收料日期、数量及收料人等；供货方情况，如厂名、厂址等；外观情况，如包装容器、封闭、破损情况等。填写记录要真实准确，要经双人复核。表 6-1 是一份到货验收记录的样张。

表 6-1　到货验收记录表（样张）

到货验收单					
采购订单号：			收货单号：		
收货日期：			供应商名称：		
物料名称	规格	单位	订单数量	接收数量	物料名称
外观检查情况：					
收货人：			复核人：		
日期：			日期：		

（二）入库暂存

1. 编制物料代码和批号　将经过验收手续的原辅材料，无论合格与否，放进仓库暂存；对验收合格的原辅材料，按规定的程序和方法进行编号。

（1）**代码**　在很多情况下，根据物料的名称无法区别不同标准的物料。如某企业同时生产颗粒剂和片剂，分别使用同一品名但是不同质量标准的物料，此时只用名称就不足以区分两个不同质量标准的物料。因此企业必须设计一套可靠的识别系统，这就是物料代码系统。物料的代码是每一种质量标准的物料具有唯一且排他的代码。在所有涉及物料的文件，如生产处方、批记录、标签、化验单上，都一律采用物料代码用于专指特定的物料，有助于防止因名称相同质量标准不同造成的混淆。为了防止偶然误差，企业制定了为物料规定代码的 SOP 和采用代码以来所有物料与产品的代码表。

需要说明的是，即使物料已被新品替代或因品种淘汰而不再使用，其曾经使用过的代码绝不允许重新使用于其他物料，以确保不发生混淆和差错。

（2）**编号**　物料编号（代码）的原则是，名称、性状越类似的原料，编号的差异应越大。编号一般以日期为主干号，通过在主干号前后加上原料名称代号、流水号和控制号等加以控制。如 R1-20170826-2-3，"R"表示原料，"1"表示何种原料，"20170826"表示于 2017 年 8 月 26 日进库，"2"表示当天同样的货物第 2 次进库，"3"表示验收员编号。当然企业也可根据实际情况规定符合自身条件的编号方法。

2. 待检　对同意收货的原辅材料编号后，对进库的原辅材料外包装进行清洁除尘，放置待检区域，填写请检单，送交质量管理部门。质量管理部门接到仓储部门的请检单后，立即派专人到仓库查看所到货物，并在货物上贴上"待验"黄色标签，表示这批原料在质量管理部门的控制之下，没有质量管理部门的许可，任何部门和人员一律不得擅自动用该批货物。

3. 取样和检验　质量检验部门接到质量管理部门的通知之后，立即派人按规定的抽样办法取样。取样后，贴取样标签并填写取样记录。样品经检验后，质检部门将检验结果报质量管理部门审核，质量管理部门根据审核结果通知仓储部门。仓储部门根据质量管理部门的通知对所到原辅材料进行处理，除去原来的标志和标签，将合格的原辅材料移送至合格品库区储存，挂绿色标志；将不合格品移送至不合格品库区，挂红色标志，并按规定程序及时通知有关部门处理。

三、物料的贮存与养护

仓储保管和养护人员应对原料理化性质、包装材料以及影响原辅材料质量的各种因素有一个充分的了解，在此基础上，对其进行保管和养护。

（一）合理储存

物料的合理储存需要按照物料性质，提供规定的储存条件，并在规定使用期限内使用。

1. 规定条件下储存　物料储存必须确保与其相适应的储存条件，来维持物料已形成的质量，此条件下物料相对稳定。不正确储存会导致物料变质分解和有效期缩短，甚至报废。规定的储存条件如下。

（1）温度　冷藏库 2 ~ 10℃；阴凉库 10 ~ 20℃；常温库 0 ~ 30℃。

（2）相对湿度　一般为 45% ~ 75%，特殊要求按规定储存，如空心胶囊。

（3）储存要求　遮光、干燥、密闭、密封、通风等。

2. 规定期限内使用　物料经过考察，在规定储存条件下，一定时间内质量能保持相对稳定，当接近或超过这个期限时，物料趋于有问题，甚至变质。这个期限为物料的使用期限。

原辅料应按有效期或复验期贮存。贮存期内，如发现对质量有不良影响的特殊情况，应当复验。

3. 仓储设施　物料储存要避免影响物料原有质量，同时还要避免污染和交叉污染。因此仓储区应当能满足物料或产品的储存条件（如温湿度、避光）和安全储存的要求，配备空调机、去湿机、制冷机等设施，并进行检查和监控。

仓储区应有与生产规模相适应的面积和空间，用以存放物料、中间产品、待验品和成品。应最大限度地减少差错和交叉污染。库内应保持清洁卫生，通道要畅通。

仓库的"五防"——防蝇、防虫、防鼠、防霉、防潮。

仓库的"五距"——垛距、墙距、行距、顶距、灯距（热源）。

垛码要井然有序，整齐美观。堆垛的距离规定要求是：垛与墙的间距不得小于 30 cm，垛与柱、梁、顶的间距不得小于 30 cm，垛与散热器、供暖管道的间距不得小于 30 cm，垛与地面的间距不得小于 10 cm，主要通道宽度不得小于 200 cm，照明灯具垂直下方不得堆码药品，并与药品垛的水平间距不得小于 50 cm。

（二）正确养护

一般来说，养护是企业确保库存物料质量的一项重要工作，物料经质量验收检验，进入仓库，到生产后流出，其质量都要靠养护工作提供充分的保障，避免污染其他物料。

1. 养护组织和人员　仓库应建立养护专业组织或专职的养护人员。养护组织或人员应在质量管理部门的指导下，具体负责原辅料储存中的养护和质量检查工作，对保管人员进行技术指导。

2. 养护工作的内容

（1）制订养护方案　根据"以防为主，把出现质量问题的可能性控制在最低限度"的原则，制订符合企业实际的科学养护方案，即根据物料性质定期检查养护，并采取必要的措施以预防或延缓物料受潮、变质、分解等，对已发生变化的物料及时处理。

（2）确定重点养护品种　重点养护品种是指在规定的储存条件下仍易变质的品种，有效期在两年内，如包装容易损坏的品种、贵重品种、特殊品种和危险品等。这些品种，应在质管部门指导下重点关注。

（3）定期盘存和不定期检查　定期盘存，就是根据物料的特点，规定每月、每季、每半年或年终对有关物料进行全面清点。一般遵循"四三三"检查原则，即每个季度的第一个月检查40%，第二个月检查30%，第三个月检查30%，使库存物料每个季度能全面检查一次。在清点过程中，既要核对物料的数量，保证账、卡、货及货位相符，又要逐一对物料质量进行检查，对不合格的应及时处理。不定期检查，就是根据临时发生的情况，进行突击全面检查或局部抽检。一般是风季、雨季、霉季、高温、严寒或者发现物料质量变异苗头的时候，以便做到及时发现问题、及时处理问题，并做好质量检查登记处理记录。效期产品、易变品种酌情增加检查次数，并认真填写库存产品养护检查记录。

（4）记录和归档　建立健全产品养护档案，内容包括产品养护档案表和养护记录、台账、检验报告书、质量报表等。

养护人员配合保管人员做好各类温控仓库和冷藏设施的温湿度检测记录，做好日常质量检查、养护的记录，建立养护档案。

对养护设备，除在使用过程中随时检查外，每年应进行一次全面检查。对空调机、去湿机、制冷机等应有养护设备使用记录。

3. 养护措施

（1）避光措施　有些物料对光敏感，在保管过程中必须采取相应的避光措施。除包装必须采用避光容器或其他遮光包装材料外，物料在库贮存期间应尽量置于阴暗处，对门、窗、灯具等可采取相应的措施进行遮光，特别是一些大包装物料，在分发之后剩余部分应及时遮光密闭，防止漏光而造成物料氧化分解、变质失效。

（2）降温措施　温度过高会使许多物料变质，即使是普通物料在过高温度下贮存，仍能影响到其质量。因此，必须保持物料贮存期间的适宜温度。对于普通物料，当库内温度高于库外时，可开启门窗通风降温。装配有排风扇等通风设备的仓库，可启用通风设备进行通风降温。也可采用电风扇对准冰块吹风，以加速对流，提高降温效果。但要注意及时排除冰融化后的水，因冰融化后的水可使库内湿度增高，故易潮解的物料不适宜此方法。此外，对一些怕潮解、对湿度特别敏感的物料可置地下室或冰箱、冷藏库内贮存。

（3）保温措施　在我国长江以北地区，冬季气温有时很低，有些地区可出现 -30 ~ 40℃甚至更低。这对一些怕冻物料的贮存不利，必须采取保温措施。一般可采用暖气片取暖，以提高库内温度，保证物料安全过冬。暖气片取暖应注意暖气管、暖气片离物料隔一定距离，并防止漏水情况发生。

（4）降湿和升湿措施　在我国气候潮湿的地区或阴雨季节，库房往往需要采取空气降湿的措施。为了更好地掌握库内湿度情况，可根据库内面积大小设置数量适当的湿度计，将仪器挂在空气流通的货架上。每天定时观测，并做好记录。记录应妥善保管，作为参考资料，以掌握湿度变化规律，并作为考察库存期间药品质量的依据之一。一般来说，库内相对湿度控制在75%以下为宜，控制方法可采用通风降湿、密封防潮与人工吸潮降湿相结合。通风降湿要注意室外空气的相对湿度，正确掌握通风时机，一般库外天气晴朗、空气干燥时，才能打开门窗进行通风，使地面水分、库内潮气散发出去。密封防潮是阻止外界空气中的潮气入侵库内。一般可采取措施为将门窗封严，必要时，对数量不多的保健品可密封垛堆货架或货箱。人工吸潮是当库内空气湿度过高，室外气候条件不适宜通风降湿时，采取的一种降湿措施。一般可采用生石灰（吸水率为自重的20%～30%）、氯化钙（100%～150%）、钙镁吸湿剂、硅胶等，有条件的可采用降湿机吸湿。

在我国西北地区，有时空气十分干燥，必须采取升湿措施。具体方法有：向库内地面洒水，或以喷雾设备喷水；库内设置盛水容器，贮水自然蒸发等。

（5）防鼠措施　库内物品堆集，鼠害常易侵入，造成损失，特别是一些袋装原料，如葡萄糖、淀粉、山药、枸杞、莲子等一旦发生鼠害则造成严重污染。因此，必须防鼠灭害，一般可采用下列措施：安装防鼠板，堵塞鼠害的通道；库内无人时，应随时关好库门、库窗，特别是夜间；加强库内灭鼠，可采用电猫、鼠夹、鼠笼等工具；另外还要加强库外鼠害防治，仓库四周应保持整洁，不要随便乱堆乱放杂物，同时要定期在仓库四周附近投放灭鼠药，以消灭害源。

（6）防火措施　物料本身和其包装尤其是外包装，大多数是可燃性材料，是一些化学试剂，所以防火是一项常规性工作。在库内四周墙上适当的地方要挂有消防用具和灭火器，并建立严格的防火岗位责任制。对有关人员进行防火安全教育，进行灭火器材的培训，使这些人员能非常熟练地使用灭火器材。库内外应有防火标记或警示牌，消防栓应定期检查，危险品库应严格按危险品有关管理方法进行管理。

四、物料出库验发管理

出库验发是指对即将进入生产过程的物料在出库前进行检查，以保证其数量准确、质量良好。物料出库验发是一项细致而繁杂的工作，必须严格执行出库验发制度，具体应做到以下内容。

（一）坚持"三查六对"制度

出库验发，首先要对有关凭证进行"三查"，即查核生产或领用部门、领料凭证或批生产指令、领用器具是否符合要求；然后将凭证与实物进行"六对"，即对货号、品名、规格、单位、数量、包装是否相符。

（二）掌握"四先出"原则

"四先出"即先产先出、先进先出、易变先出、近期先出，具体要求如下。

1. 先产先出原则　库存同一物料，对先生产的批号应尽量先出库。一般来说，由于环境条件和物料本身的变化，物料贮存的时间愈长，变化愈大，超过一定期限就会引起变质，以致造成损失。出库采取"先产先出"，有利于库存物料不断更新，确保其质量。

2. 先进先出原则　同一物料的进货，按进库的先后顺序出库。物料种类和用量相对较大，生产企业进货频繁，渠道较多，同一品种不同厂牌的进货较为普遍，加之库存量大，堆垛分散，如不掌握"先进先出"，就有可能将后进库的物料发出，而先进库的未发，时间一长，存库较久的物料就易变质。因此，只有坚持"先进先出"，才能使不同厂牌的相同品种都能做到"先产先出"，经常保持库存物料的轮换。

3. 易变先出原则 库存的同一物料，对不宜久贮、易于变质的尽量先出库。有的物料虽然后入库，但由于受到阳光、气温、湿气、空气等外界因素的影响，比先入库的物料易于变质。在这种情况下，当物料出库时就不能机械地采用"先产先出"，而应该根据物料的质量情况，让易霉、易坏、不宜久贮的尽量先出库。

4. 近期先出原则 "近失效期"先出，指库存有"效期"的同一物料，对接近失效期的先行出库。对仓库来讲，所谓"近失效期"，还应包括给这些物料留有调运、供应和使用的时间，使其在失效之前投入使用。某些物料虽然离失效期尚远，但因遇到意外事故不易久贮时，则应采取"易变先出"办法尽量先调出，以免受到损失。

（三）出库验发的工作程序

1. 开写出库凭证，车间按生产需要填领料单送仓库备料。仓库所发物料包装要完好，附有合格证、检验报告单，用于盛放物料的容器应易于清洗或一次性使用，并加盖密封。运输过程中，外面加保护罩，容器必须贴有配料标志。仓库审核其品名、规格、包装与库存实物是否相符，库存数量是否够发等情况，如有问题应及时请求修改，然后开写出库凭证，并要搞好出库凭证的复核，防止出现差错。

2. 审核出库凭证无误后，及时登账，核销存货。有的厂家要求在出库凭证上批注出库物料的货位编号和发货后的结存数量，以便保管人员配货、核对。

3. 按单配货，保管人员接到出库凭证后，按其所列项目审查无误，先核实实物卡片上的存量，然后按单从货位上提取物料，按次序排列于待运货区，按规定要求称量计量，并填写称量记录。放行出库发出的物料，经清点核对集中后，要及时办理交接手续。由保管人员根据凭证所列数量，向领物人逐一点交。发料、送料、领料人均应在发料单上签字，以示负责。

4. 复核保管人员将货配发齐后，要反复清点核对，保证数量质量。既要复核单货是否相符，又要复核货位结存量来验证出库量是否正确，发料后，库存货位卡和台账上应填货料去向、结存情况。

5. 为避免发料、配料，特别是打开包装多次使用的情况下造成的污染，应要求产品生产企业设置备料室，配料时应在备料室中进行。备料室的洁净级应与取样室、生产车间要求一致。

五、成品在库管理

必须逐批次对成品进行感官、卫生及质量指标的检验，不合格者不得出厂。生产企业应具备产品主要功效因子或功效成分的检测能力，并按每次投料所生产产品的功效因子或主要功效成分进行检测，不合格者不得出厂。每批产品均应有留样，留样应存放于专设的留样库（区）内，按品种、批号分类存放，并有明显标志。不合格的中间产品、待包装产品和成品的每个包装容器上均应当有清晰醒目的标志，并在隔离区内妥善保存。不合格的中间产品、待包装产品和成品的处理应当经质量管理负责人批准，并有记录。

1. 产品回收需经预先批准，并对相关的质量风险进行充分评估，根据评估结论决定是否回收。回收应当按照预定的操作规程进行，并有相应记录。回收处理后的产品应当按照回收处理中最早批次产品的生产日期确定有效期。

2. 不合格的中间产品、待包装产品和成品一般不得进行返工。只有不影响产品质量、符合相应质量标准、且根据预定、经批准的操作规程以及对相关风险充分评估后，才允许返工处理，返工应当有相应记录。对返工或重新加工或回收合并后生产的成品，质量管理部门应当考虑需要进行额外相关项目的检验和稳定性考察。

3. 企业应当建立产品退货的操作规程，并有相应的记录，内容至少应当包括：产品名称、批号、规格、数量、退货单位及地址、退货原因及日期、最终处理意见。同一产品同一批号不同渠道的退货应当分别记录、存放和处理。

4. 只有经检查、检验和调查，有证据证明退货质量未受影响，且经质量管理部门根据操作规程评价后，方可考虑将退货重新包装、重新发运销售。评价考虑的因素至少应当包括产品的性质、所需的贮存条件、保健品的现状和历史，以及发运与退货之间的间隔时间等因素。不符合贮存和运输要求的退货，应当在质量管理部门监督下予以销毁。对退货质量存有怀疑时，不得重新发运。对退货进行回收处理的，回收后的产品应当符合预定的质量标准，退货处理的过程和结果应当有相应记录。

第三节　包装材料的管理

在保健食品生产、贮存、运输、销售等环节中，无论是原料还是成品，都离不开包装，而包装材料则在保护保健食品免受外界条件的影响下变质或外观改变等方面起着决定性的作用。

扫码"学一学"

一、包装材料的概念与分类

包装材料指保健食品内、外包装物料，包括标签和使用说明书。按与所包装保健食品的关系程度，可分为三类。

1. 内包装材料　用于与保健品直接接触的包装材料，也称为直接包装材料或初级包装材料，如铝箔等。内包装应能保证保健品在生产、运输、储藏及使用过程中的质量，并便于使用。

2. 外包装材料　内包装以外的包装，按由里向外分为中包装和大包装，如纸盒、木桶、铝盖等。外包装应根据保健品的特性选用不易破损的包装，以保证保健品在运输、储藏、使用过程中的质量。

3. 印刷性包装材料　具有特定式样和印刷内容的包装材料，如印字铝箔、标签、说明书、纸盒等。这类包装材料可以是内包装材料，也可以是外包装材料，如外盒、外箱等。

二、包装材料的管理

包装材料对保健食品质量的影响是巨大的，这些包装材料在正常情况下能够起到保护作用，但如材质选用不当，或受到污染，那么这种包装不但不能起到保护保健食品的作用，反而会造成污染，严重影响产品质量。因此，包装材料的采购、验收、检验、入库、贮存、发放等管理除可按原辅料管理执行以外，还必须注意以下问题：①直接接触保健食品的内包装材料、容器必须无毒，与保健品不发生化学反应，不发生组织脱落；②接触保健食品的包装材料、容器（包括盖、塞、内衬物等）均不准重复使用；③对内包装材料的洁净无菌化，要制定测定内包装材料上附着微生物菌数的工作规程。

1. 分类标准 保健食品的包装材料分类标准同药品，所用的包装材料、容器必须按法定的标准进行生产，法定标准包括国家标准和行业标准，没有制定国家标准和行业标准的产品包装材料、容器，由申请产品注册企业制定企业标准。

2. 注册管理 我国对保健食品的包装材料实行注册管理制度，未经注册的包材不得生产、销售、经营和使用。生产Ⅰ类包材，必须经原国家食品药品监督管理部门批准注册；生产Ⅱ类包材由企业所在省、自治区、直辖市原食品药品监督管理部门批准注册。包材执行新标准后，包材生产企业必须向原发证机关重新申请核发《注册证书》。

国外企业、中外合资境外企业生产的首次进口的包材，必须取得原国家食品药品监督管理部门核发的《进口包材注册证书》，并经药包材检测机构检验合格后，方可在国内销售、使用。使用进口包材，必须凭《进口包材注册证书》复印件加盖药包材生产厂商有效印章后，在所在省、自治区、直辖市原食品药品监督管理部门备案后方可使用。

3. 生产药包材的条件 申请单位必须是经注册的合法企业。企业应具备生产所注册产品的合理工艺，有关的洁净厂房、设备、检验仪器、人员、管理制度等质量保证必备条件。生产Ⅰ类包装材料，必须同时具备与所包装药品生产相同的洁净度条件。

生产Ⅰ类包装材料企业的生产环境由原国家食品药品监督管理部门，省、自治区、直辖市原食品药品监督管理部门指定的检测机构检查认证。检测机构对申请注册的产品抽样三批，进行检测。Ⅰ类包装材料的申请企业将其"包装材料、容器注册申请书"，连同所需资料经省、自治区、直辖市原食品药品监督管理部门审批核发初审合格后，报原国家食品药品监督管理部门核发《包材注册证书》。Ⅱ类包装材料和Ⅲ类包装材料的申请企业将其"包装材料、容器注册申请书"，连同所需资料报省、自治区、直辖市原食品药品监督管理部门核发《包材注册证书》，并报原国家食品药品监督管理部门备案。

国内首次开发的包材产品必须通过国家相关监督管理部门组织评审认可后，按规定类别申请《包材注册证书》，方可生产、经营和使用。

三、印刷性包装材料管理

由于印刷性包装材料直接给用户提供了使用保健食品所需要的信息，因错误信息引起的事故亦较为常见，故对印刷包装材料必须进行严格管理，尽可能避免和减少由此造成的危害，以及文字说明不清带来的潜在危险。直接接触保健食品的印刷性包装材料的管理和控制要求与原辅料相同。现仅以标签和说明书的接收、贮存和发放过程为例说明印刷性包装材料的管理。

1. 标签、说明书的接收

（1）保健品的标签、使用说明书与标准样本需要经企业质量管理部门详细核对无误后签发检验合格证，才能印刷、发放和使用。

（2）仓库管理员在标签、说明书入库时，首先应进行目检，检查品名、规格、数量是否相符，检查是否污染、破损、受潮、霉变、检查外观质量有无异常（如色泽是否深浅不一，字迹是否清楚等)，如目检不符合要求的标签，需要计数、封存。

2. 标签、说明书的贮存

（1）仓库在收到质量管理部门的包材检验合格报告单后，将待验标志换成合格标志。印刷性包材应当设置专门区域妥善存放，未经批准的人员不得进入。若检验不合格则将该批标签和说明书移至不合格库（区），并进入销毁程序。

（2）标签和所明说应按品种、规格、批号分类存放，按先进先出的原则使用。

（3）专库（专柜）存放，专人管理。

3. 标签、说明书的发放

（1）仓库根据生产指令单及车间领料单计数发放。

（2）标签、说明书由生产部门专人（领料人）领取，仓库发料人按生产车间所需限额计数发放，并共同核对好品种、数量，确认质量符合要求及包装完好后，方可发货并签名确认。

（3）标签实用数、残损数及剩余数之和与领用数相符，印有批号的残损标签应有两人负责销毁，并做好记录和签名确认。

（4）不合格的标签、说明书未经批准不得发往车间使用。

（5）不合格的标签、说明书应定期销毁，销毁时应有专人监督，并在记录上签字。

? 思考题

1. 原料质量标准有哪些内容？

2. 怎样才能做到规范采购？

3. 物料接收的管理有哪些内容？

4. 物料养护的措施有哪些？

5. 包装材料包括哪些内容？

实训三　供应商选择标准操作规程

××× 有限公司 GMP 文件

题目：供应商选择标准操作规程				
编码：		起草：		日期：
审核：	日期：	批准：		日期：
生效日期：		共　页		
部门名称：质量保证部		分发部门：物资部、质量保证部、质量控制部		
变更记录：				

一、实训目的

制订本标准的目的是建立物料供应商的认证规程，保证所选择的供应商能够提供质量合格、稳定的物料。

二、实训范围

本标准适用于原辅料、包装材料供应商的认证。

三、实训职责

物资部经理、物料采购员、QA、QC 对本操作规程的实施负责。

四、实训内容

1. 采购的基本原则

（1）物资部只能采购经认证合格的供应商生产的原辅料和包装材料，QA、QC 只能检验合格供应商的原辅料和包装材料，生产部门只能使用合格供应商的原辅料和包装材料。

（2）对未经批准的新物料供货商，采购前应对供应商进行评估，符合该厂对供应商要求后才能批准成为合格供应商。

2. 供应商选择的基本原则

（1）供应商必须具有法定的生产资格。

（2）具有完善的质量保证体系，提供的物料能够满足该厂的质量要求，有持续改进的愿望与能力。

（3）生产能力能够满足该厂需求，并有持续发展的潜力。

（4）保证准时、准地、准量供货。

（5）在满足上述条件的同时，价格有竞争力。

（6）在同行业中有良好的信誉和竞争优势。

（7）应尽可能直接向物料生产商购买。

3. 供应商的分级

通过对物料风险分析的结果，按其对保健食品质量及安全性的影响程度，分为 A、B、C 三类。

（1）A 类是对保健食品质量有重要影响的物料，对保健食品质量有直接影响的工艺辅助剂、直接接触保健食品的包材。

（2）B 类是对保健食品质量有影响但程度非常有限的物料。

（3）C 类是对保健食品的质量基本没有影响的物料。

4. 供应商的评估

（1）由质量保证部对物料进行风险评估，确定物料的安全级别。

（2）由物资部索取相应供应商资质，比较、筛选出 2 ~ 3 家，报质量保证部组织对供应商资质进行审计。

（3）供应商资质内容：营业执照、生产许可证、GMP 证书、辅料、包材注册批件、质量标准、检验报告；如从经营企业购进，还需索取经营企业的营业执照、经营许可证、业务员授权委托书等。

（4）质量保证部对供应商资质审核通过后，做出是否需要现场审计的决定，报质量授权人批准。

（5）如需现场审计，应由质量保证部依据《供应商质量体系评估管理规程》组织生产、物资、QA人员对供应商进行现场审计。

（6）必要时，应对主要物料供应商提供的样品进行小批量生产，并对试生产的保健食品进行稳定性考察。

5. 由质量保证部提交供应商审计报告，经质量授权人审核批准后做出同意、不同意采购或经整改后重新审计的意见。

6. 质量保证部将授权人意见反馈给物资部，对审计合格的物料供应商，物资部开始物料的采购。

7. 当供应商发生重大变化或供货质量出现不稳定趋势时，应对供应商重新评估。

8. 物资部应建立供应商档案，并保存于物资部，档案内容包括：供应商的资质证明文件、质量协议、质量标准、供应商的检验报告、现场质量审计报告、产品稳定性考察报告、定期的质量回顾分析报告等。

（徐桃枝）

第七章　文件管理

第一节　文件系统

文件是指一切涉及保健食品生产质量管理全过程中使用的书面标准和实施过程中产生的结果的记录。文件系统是指贯穿保健食品生产质量管理全过程、连贯有序的系统文件。文件管理系指包括文件的起草、修订、审核、批准、分发、使用、归档以及文件变更等一系列过程的管理活动。

文件是质量保证系统的基本要素，它涉及 GMP 的各个方面。建立全面的、完善的文件系统是一种从"人治"到"法制"的变革，其核心是确保保健食品在生产过程中"一切行为有准则，一切行为有记录，一切行为有监控，一切行为有复核"。从而避免生产过程中产生混淆、污染和差错，保证生产出安全有效、质量稳定、符合预定规格标准的保健食品。

一、文件管理的目的

文件管理的目的是界定管理系统、减少语言传递可能发生的错误、保证所有执行人员均能获得有关活动的详细指令并遵照执行，而且能够对有缺陷或疑有缺陷产品的历史进行追踪。

1. 规定所有的物料、成品、半成品的规格标准及生产测试程序，提供正确操作和监控的依据。

2. 规定企业的信息传递和生产质量控制系统，避免因口头或临时书面传递、交流所产生的错误解释或误解。

3. 明确规定保健食品生产过程中各种必须遵守的程序和规程，使员工明确应该做什么、

扫码"学一学"

什么时候去做、在什么地方做以及如何去做、要求达到什么标准，从而有效防止自行其是。特别强调的是一个行动只能有一个标准。

4. 提供产品放行审计的依据，确保授权人可以做出是否能够放行销售的正确判断。

5. 保证可以追溯每一批产品的始末，提供对产品进行再审查的依据，以便对可能有问题的产品从原料到生产、销售的全过程进行详细调查，做出正确的处理判断。

6. 保证保健食品生产的全过程符合 GMP 要求。

二、文件的类型

完整的保健食品生产企业文件可分为标准和记录两大类。

（一）标准类文件

标准为"促进最佳的共同利益，在科学、技术、经验成果的基础上，由各有关方面共同合作起草，并协商一致或基本同意而制定的适用于公用并且经标准化机构批准的技术规范和其他文件"。它以特定的形式发布，作为共同遵守的准则和依据。保健食品生产企业的标准主要包括技术标准、管理标准和工作标准。

1. 技术标准　国家、地方及行业制定并颁布的各种标准、法规、规范、办法等，以及保健食品生产企业根据前述各种法定标准制定的各种技术标准文件。包括产品注册批件、产品工艺规程、质量标准、主配方、生产指令、包装指令、验证文件等。

2. 管理标准　企业依据上述技术标准，为了行使各项管理职能，协调各项跨职能管理并使管理过程标准化、规范化而制定的制度、规定、标准、办法等书面要求。如生产管理、质量管理、卫生管理等。

3. 工作标准　保健食品生产企业依据技术标准和管理标准，以人的工作为对象，对工作范围、职责、权限、工作方法及内容所制定的规定、标准、办法、程序等书面要求。如岗位责任制或岗位职责或职务条例、岗位操作方法、标准操作规程等。

（二）记录类文件

记录是"为所有完成的活动和达到的结果提供客观证据的文件"。包括过程记录、台账记录、标记、凭证等。

1. 过程记录　为保健食品生产和质量保证过程中一切已完成的活动和达到的结果提供客观证据的文件。如生产记录、检验记录等。

2. 台账记录　为物料、产品流转与管理活动及其结果依时间顺序提供客观证据的文件。如物料接收台账、成品发放台账、检验台账等。

3. 标记、凭证　为生产活动和质量监控活动提供标记和证据的文件。如生产许可证、清场合格证、半成品递交许可证等。

综上所述，标准是行动的准则，记录是行动及其结果的证据。其中技术标准文件是管理的依据和目的，管理标准是动力和轨道，而工作标准则是上述标准得以实施的基础。

文件系统图如图 7-1 所示。

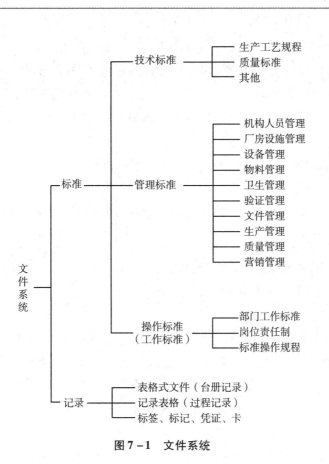

图 7 −1　文件系统

第二节　文件管理程序

扫码"学一学"

一、文件管理的定义

文件是保健食品生产活动和质量保证活动的依据和准则，文件管理系统涉及 GMP 的各个方面，贯穿于保健食品生产有关的一切活动中，文件管理包括文件的起草、修订、审核、批准、替换或撤销、复制、分发、收回、培训、归档、保管和销毁等一系列过程的管理活动，企业应当建立文件的起草、修订、审查、批准、撤销、印制及保管的管理制度，才能保证保健食品生产的全过程有法可依，有据可查，有监控，有复核，消灭生产中的混淆、污染和差错，同时确保所有文件符合 GMP 标准和各种法定标准，文件应准确无误，清楚明了，切实可行，避免由于文件的错误造成生产过程和控制过程的差错和事故，保证保健食品生产的一切活动均在良好的控制之下，切实有效地实施 GMP。

二、文件的起草

各项文件应当按规定程序起草、复核、审核、批准、发放。文件制定、审查和批准的责任应当明确，并有责任人签名；由专人负责文件的保存、归档、分发和回收。

起草人员必须具有相应岗位的实践经验，接受过必要的专业教育，具有一定的语言组织能力，乐于与他人合作，具有很好的协调能力，工作严谨认真，有开拓创新精神。

起草的文件应达到以下要求。

（一）内容要求

1. 文件的标题应能清楚地说明文件的性质，其标题、类型、目的、原则应有清楚的说明，便于和其他文件区别开来。

2. 各类文件应有便于识别文本、类别的系统编码和日期，文件便于分类存放、条理分明，便于查阅。

3. 文件使用的文字应当确切、清晰、易懂，不能模棱两可。

4. 填写数据时应有足够的空间。

5. 文件的起草、修订、审核和批准均应当由适当人员签名并注明日期。

（二）编制格式要求

1. 文件规格纸张的要求如 A4 或 A3 纸打印或复印。

2. 字间距、行间距、字体字号的具体要求。

3. 文件表头设计。

标准文件必须印制的内容：文件名称、文件编号、起草人、审核人、批准人签字、颁发日期、生效日期、颁发部门、分发单位、目的、范围、职责、内容（正文）。

根据文件类别、特点，表头项目可在管理标准类文件表头基础上做相应增减：设备操作、清洁类文件增加规格型号、设备编号，成品质量标准、工艺规程类增加产品规格及批准文号，分发单位可根据实际需要设定。

4. 页面设置要求。

5. 页眉要求，如显示公司名称和文件大类；页码表示方式，如当前页/总页数。

6. 文件结束符：可划一长度为文件宽度1/2的横线作为终止符。

三、文件的审核与批准

由文件制定部门的上一级领导或部门负责人对文件进行审稿的工作；所有文件必须经质量部门审核。

所有文件必须有起草人、审核人、批准人签字。

批准使用的文件是一切行为的准则，具有"法律"效力，任何人无权任意修改。

文件必须经过批准签字后方可复制，如果原版文件需要复印时，不得产生任何差错；复制的文件必须清晰可辨。

四、文件的编码

1. **系统性** 企业应当建立文件格式、编码原则，统一分类编码，并由质量管理部门负责给定编码，同时进行记录。

2. **准确性** 文件应与编码一一对应，一旦某一文件终止使用，此文件编码即告作废，并不得再次启用。

3. **可追踪性** 根据文件编码系统的规定，可随时查询文件变更的历史，并方便调用。

4. **稳定性** 文件系统编码一旦确定，一般情况下不得随意变动，应保证系统的稳定性，以防止文件管理的混乱。

5. **相关一致性** 文件一旦经过修订，必须给定新的修订号，对其相关文件中出现的该文件号同时进行修订。

6. 记录　批生产记录单独归为一类，按企业规定的格式、编码原则制定，应根据相关工艺规程、管理程序、标准操作规程等内容制定。

五、文件的发放、回收、培训、归档及销毁

（一）文件的发放

1. 文件一旦批准，应在执行之日前发放至相关人员或部门。文件必须由起草人、审核人、批准人签字后颁布，文件在培训后方可生效使用。

2. 保密性文件应在扉页上注明密级，并严格控制复制数量。

3. 文件发放必须进行记录，注明文件名称、编号及份数、收件部门及收件人、收件日期、发件人。密级文件同时注明密级。

（二）文件的回收

1. 一旦新文件生效使用，前版文件必须收回。分发、使用的文件应当为批准的现行文本，已撤销的或旧版文件除留档备查外，不得在工作现场出现。

2. 文件由于以下原因而宣布废止、停止使用时必须及时回收：文件进行了修订，且新修订的文本已被批准使用，则原文本自新文件生效之日起废止，要及时回收。文件发现错误，影响产品质量，必须立即废止，及时回收。

3. 文件回收时必须由文件管理人员按分发时的单位和数量——收回，并记录交回文件的名称、编号及份数、交回部门及交回人、交回日期。密级文件同时注明密级。回收的文件应及时进行销毁处理。

4. 文件应当定期审核、修订；文件修订后，应当按照规定管理，防止旧版文件的误用。分发、使用的文件应当为批准的现行文本，已撤销的或旧版文件除留档备查外，不得在工作现场出现。

（三）文件的培训

1. 新文件必须在执行前进行培训并记录。培训师原则上为文件的起草者、审核者或批准者。

2. 必须保证文件的使用者和管理者均受到培训。

（四）文件的归档

1. 所有标准文件必须及时由质量管理部门归档备查，文件的归档包括现行文件原件及其附件的归档和各种记录的归档。

2. 文件管理部门保留一份现行文本原件或样本，并根据文件变更情况随时更新，记录在案。

3. 各种记录一旦完成，按种类归档，并存档至规定日期以便准确、追踪。

4. 对于一些主要文件，如批生产（包装）记录、偏差处理等，应定期进行统计分析评价，为质量改进管理需求提供准确的依据。

5. 各种归档文件应建立文件归档记录，以便准确、方便调用。

6. 归档的文件要上锁保管，发现失窃及时上报。保管中要防火、防潮、防鼠、防蛀、

防霉变等。

7. 应根据文件的重要性及使用需求，制定各类文件的保存期限。

（五）文件的销毁

分发和使用的文件应当为批准的现行文本，除留档备查外，已撤销和过时的文件应当销毁。

六、文件的修订和改进

1. 文件的修订 文件一旦生效，未经批准不得随意更改。但文件的使用者和管理者有权提出变更申请，并说明理由，由该文件涉及的相关部门会审后修改。文件管理部门负责检查文件修订引起的其他文件的变更，并将变更情况记录在案，以便追踪检查。

2. 文件的改进 文件管理并非一成不变，其改进方向如下。

（1）简化、改进 其目标是简化工作程序，减少中间环节，文件管理程序化、规范化，以便有效控制，有效管理。

（2）计算机化 实现文件管理无纸化，这是现代文件管理的目标。可使文件的起草、审核、批准更加方便快捷，缩短文件的形成周期，能自动贮存，减少定员，提高效率。

第三节　技术标准文件

扫码"学一学"

技术标准是指国家、地方及行业制定并颁布的各种标准、法规、规范、办法等，以及保健食品生产企业根据前述各种法定标准制定的各种技术标准文件。包括产品注册批件、产品工艺规程、质量标准、主配方、生产指令、包装指令、验证文件。

一、技术标准文件编制的基本要求

1. 文件标题要明确，能确切表明文件的性质。

2. 文件语言要详尽，数据可靠，术语规范，保证技术标准文件可以被正确理解和使用。

3. 文件内容应当与保健食品生产许可、保健食品注册等相关要求一致，不得随意修改、偏移。

4. 企业内控标准原则上要高于国家法定标准，以确保产品在贮存期内始终可以达到法定质量标准。

5. 文件要包括所有必要的项目及参数，不要多余的项目及参数。

6. 文件格式按规定的要求执行印刷、打印或复印。

7. 各种工艺、技术、质量参数和技术经济定额的度量衡单位均按国家计量法规定执行，采用国际标准计量单位。

8. 产品名称按国家相关法定标准的通用名、英文名及拉丁名为准。

二、技术标准文件的表头设计

各种技术标准的表头或扉页上必须印制的内容：文件名称、文件编号、起草人、审核人、批准人、制定日期、生效日期、分发部门、目的、范围、职责、内容。

三、技术标准的管理

（一）产品工艺规程

工艺规程是指"为生产特定数量的成品而制定的一个或一套文件，包括生产处方、生产操作要求和包装操作要求，规定原辅料和包装材料的数量、工艺参数和条件、加工说明（包括中间控制）、注意事项等内容"。由上面的定义可以看出，生产工艺规程是产品设计、质量标准和生产、技术质量管理的汇总，它是企业组织与指导生产的主要依据和技术管理工作的基础，是生产操作规程、质量监控规程、内控标准等文件的制定依据，是技术标准中首先要制定的文件。制定生产工艺规程的目的，是为生产各部门提供必须共同遵守的技术准则，以保证生产的产品批与批之间，尽可能地与原设计吻合，保证每一产品在存放期内保持规定的质量。

产品的工艺规程的内容如下。

1. 生产处方

（1）产品名称和产品代码。

（2）产品剂型、规格和批量。

（3）所用原辅料清单（包括生产过程中使用，但不在成品中出现的物料），阐明每一物料的指定名称、代码和用量；如原辅料的用量需要折算时，还应当说明计算方法。

2. 生产操作要求

（1）对生产场所和所用设备的说明（如操作间的位置和编号、洁净度级别、必要的温湿度要求、设备型号和编号等）。

（2）详细的生产步骤和工艺参数说明（如物料的预处理、加入物料的顺序、混合时间、温度等）。

（3）所有中间控制方法及标准。

（4）预期的最终产量限度，必要时，还应当说明中间产品的产量限度，以及物料平衡的计算方法和限度。

（5）需要说明的注意事项。

3. 包装操作要求

（1）以最终包装容器中产品的数量、重量或体积表示的包装形式。

（2）所需全部包装材料的完整清单，包括包装材料的名称、数量、规格、类型以及与质量标准有关的每一包装材料的代码。

（3）标明产品批号、有效期打印位置。

（4）需要说明的注意事项。

（5）包装操作步骤的说明，包括重要的辅助性操作和所用设备的注意事项、包装材料使用前的核对。

（6）中间控制的详细操作。

（7）待包装产品、印刷包装材料的物料平衡计算方法和限度。

生产工艺规程由生产技术人员编写，由企业质量管理部门组织专业技术人员审核，经主管生产和质量管理的负责人批准后颁布执行。生产工艺规程应有编写人、审核人、批准人的签字及批准执行的日期。

每种产品的每个生产批量均应当有经企业批准的工艺规程，不同产品规格的每种包装形式均应当有各自的包装操作要求。工艺规程的制定应当以注册批准的工艺为依据。工艺规程原则上每5年由主管生产技术负责人组织讨论并修订。

生产工艺规程在执行过程中因生产工艺改革、设备改进或更新、原辅材料变更等，必须提出申请并经验证。必要时报相关监督管理部门批准。

修订稿的编写、审核、批准程序与制定时相同。

（二）质量标准

1. 原辅料质量标准　原辅料可以现行法定标准(《中国药典》、食品安全国家标准)、行业标准为依据。原辅料可根据生产工艺、成品质量要求及供应商质量体系评估情况，确定需要增加的质量控制项目。原辅料可根据生产工艺、成品质量要求及供应商质量体系评估情况，制定现行的质量标准。中间产品或待包装产品也应当有质量标准。

原辅料质量标准的主要内容：原辅料名称、内部使用的物料代码、规格、性状、检验项目与限度、取样与检验方法、贮存条件和注意事项、有效期或复验期等。

2. 包装材料质量标准　可依据国家标准、行业标准和协议规格制定。包装材料质量标准的主要内容：品名、代号与编号、材质、外观、尺寸、规格、理化项目和取样规定。与产品直接接触的包装材料和容器的质量标准中还应制定"微生物限度"检查标准。使用印刷包装材料的应提供实样或样稿。

3. 成品和半成品质量标准　成品和半成品质量标准的标准依据可有法定标准（《中国药典》、食品安全国家标准)、企业标准、注册批文。

保健食品成品和半成品的质量标准应当包括：产品名称以及产品代码、取样和检验方法或相关操作规程编号、定性和定量的限度要求、贮存条件和注意事项、有效期。

4. 生产用水质量标准　生产用水包括饮用水、纯化水等。饮用水标准依据为 GB 5749—2006《生活饮用水卫生标准》。纯化水标准依据为现行的《中国药典》。

生产用水质量标准主要内容：名称、制备方法；质量标准及标准依据、检查项目及检验方法、取样规定，包括取样容器、方法、频次、取样点、取样量、注意事项等。

质量标准由质量管理部门会同生产、技术、供应等有关部门制定，质量部门负责人批准、签发后下达，自生效日期起执行。

质量标准类同于生产工艺规程，审查、批准、执行办法与制定时相同。在执行期内确实需要修订时，也可向质量管理部门提出申请，审查批准和执行办法也与制订时相同。

（三）检验操作规程

检验操作规程与产品质量标准紧密相连。产品检验操作规程的制订必须按法制化、科学化、规范化的原则进行，依据的产品标准必须是国家标准。

原辅料、工艺用水、半成品、成品及包装材料、洁净室（区）内空气的尘埃数和微生物数监测等的检验操作规程可依据质量标准由各级检验室编制，经质量部门负责人审查、质量部门负责人批准并签字后，自生效日期起执行。

检验操作规程内容：检品名称（中、英文名）、代号或编号、结构式、分子式、分子量、性状、鉴别、检验项目与限度和检验操作方法等。检验操作方法必须规定检验使用的试剂、设备和仪器、操作原理及方法、计算公式和允许误差等内容。

检验操作规程的管理类同于生产工艺规程和质量标准，审查批准和执行办法与制定时相同。在执行期限内确实需要修改时，修订、审核、批准和执行办法与制定时相同。

（四）批指令

批指令一经生效下发，即为操作人员进行操作的基准文件，任何人不得任意变更或修改，必须严格遵照执行。

1. 生产指令　保健食品生产必须依据生产指令进行生产。生产指令的内容应包括：产品配方、物料用量、产品名称、产品批号、规格、生产批量、执行的工艺规程号、编制人、审批人及所用设备的描述，注明执行的清洁规程的编号、详细的操作步骤指导（物料的配料、原辅料的预处理，生产中加料的顺序、混合时间、温度及其他参数的控制）。

2. 包装指令　保健食品包装材料必须凭包装指令限额领取，保健食品包装必须按包装指令要求进行。包装指令的内容应包括：保健食品名称、规格（或主要成分、规格）、包装规格、最终包装产品的数量、详细的操作步骤指导。

（五）验证文件

验证文件在验证活动中起着十分重要的作用，它是实施验证的指导性文件，也是完成验证、确立生产运行各种标准的客观证据。验证文件主要包括验证总计划、验证计划、验证方案、验证报告、验证总结及实施验证过程中形成的其他相关文档或资料。

第四节　管理标准文件

一、管理标准文件编制的基本要求

保健食品生产企业应有生产管理、质量管理的各项制度和记录，各项制度属于管理标准文件，它涵盖了保健食品生产的全过程、质量管理的各个部分。管理标准是指保健食品生产企业依据技术标准，为了行使各项管理职能，协调各项跨职能管理并使管理过程标准化、规范化而制订的制度、规定、标准、办法等书面要求。建立管理标准旨在保证管理工作的标准化、规范化，减少随意性和口头性信息造成的失误。例如，实验室的管理制度、原辅料的取样制度等。狭义地说，管理标准主要指规章制度；广义地说，标准类文件都与管理相关，都可视为管理标准文件。管理标准是 GMP 软件系统的核心与重要组成部分，管理标准与 GMP 要求完全一致。

保健食品生产企业的管理标准主要由生产管理规程、质量管理规程、生产卫生管理规程组成，另外还涉及辅助部门管理、人员培训、紧急情况处理等。

二、管理标准文件的表头设计

各种标准管理规程的表头或扉页上必须印制的内容：标准管理规程的名称、独一无二的易识别文件类别的文件编码及修订号、起草人、审核人、批准人、起草日期、审核日期、批准日期和生效日期、制定部门、分发部门、页数、总页数、编制目的、范围、职责、内容。

扫码"学一学"

管理规程表头范例如下。

×××公司质量管理规程

当前页码/总页码

文件名称	质量事故管理规程		
文件编号		替代规程	
编订依据	保健食品 GMP（2010 修订版）		
起草人/日期		分发部门	
审核人/日期		审核日期	
批准人/日期		生效日期	

1. 目的　量定质量事故性质，规范质量事故上报和处理的程序及要求，杜绝质量事故发生。

2. 范围　重大质量事故和一般质量事故。

3. 职责　质量事故直接责任人、事故发生单位负责人、质量部门负责人、主管负责人、公司负责人。

三、管理标准的管理

1. 生产管理规程　生产管理规程可归纳为生产文件管理、生产流程管理、生产过程管理三个方面，一般来说要涉及下列内容：生产工艺规程、岗位操作法或标准操作规程管理、物料平衡管理、批记录管理、批号管理、生产工序管理、工具器具管理、标示物管理、包装材料管理、设备管理、操作人员作业管理、半成品及成品管理等。

2. 卫生管理规程　卫生对于保健食品生产企业至关重要，卫生管理对于保证保健食品质量是绝不可少的。保健食品生产企业的生产卫生包括两个方面的内容：一个是物的卫生（厂房、设施、设备等），另一个是人的卫生（操作人员）。

（1）厂房、设施及设备的卫生管理制度　应清洁的厂房、设施、设备及清洁维护时间，清洁维护的作业顺序及所使用的清洁剂、消毒剂与清洁用具，评价上述清洁维护工作效果的方法等。

（2）操作人员的卫生管理制度　生产区工作服质量规格，操作人员健康卫生状况管理办法，操作人员更衣洗手规程，卫生缓冲设施及其管理程序，操作人员操作时应注意的卫生事项等。人员是无法避免的污染因素，因此必须加强人员卫生。

3. 质量管理规程　质量管理的内容包括取样管理规程、留样管理、变更控制、纠正和预防措施、产品质量回顾、委托生产与委托检验等方面。质量管理标准文件一个是质量标准，它是一切质量管理的基础，是保健食品生产企业确定和实施的"质量政策"；另一个是基于质量标准而制定的质量检验操作规程，用于确保质量标准的实施；另外还有贯彻企业所制定的质量方针和政策而制定的管理制度；还有为了避免抽样检验的局限性，确保产品质量的质量管理方法。质量管理部门对影响产品质量的变量的控制是通过在线生产管理与实验室检查两方面实现的。

4. 其他管理规程 包括人员的教育和培训、辅助部门管理规程、紧急情况的处理程序等。此外，还有文件本身的管理制度等。

第五节 工作标准文件

扫码"学一学"

工作标准文件是企业依据技术标准和管理标准，以人的工作为对象，对工作范围、职责、权限、工作方法及内容所制定的规定、标准、办法、程序等书面要求。如岗位责任制或岗位职责或职务条例、岗位操作法、标准操作规程等。

一、岗位职责

1. 基本要求 人是企业内重要的因素，组织机构的各级人员，不仅应具有与其担负的工作职责相适应的能力，而且重要岗位的人员每人均应有一份书面的工作职责指令。工作职责、岗位责任制等是保证 GMP 实施的重要基础之一。它们能明确分工，明确个人和组织的权力与责任，明确保健食品生产企业内部横向与纵向的关系，方便各岗位和部门之间的联系与协调，有利于创造一个良好的工作氛围。工作职责指令、岗位职责等是保证 GMP 实施的重要基础之一，是保健食品生产企业成熟的标志。

2. 内容要求 工作职责的内容可以因企业、岗位而异，但一般来说至少应包括下述内容：工作范围、素质要求、个人职责要求及权限、与其他人员或部门的工作关系等。

3. 管理 岗位职责层层制定，部门人员由各部门负责人制定，各部门及各部门负责人岗位职责由公司指定人员制定，由相应主管负责人审核，公司负责人批准。

职务职责进行了调整，新设备、新工艺、新技术的引入导致职务及工作职责变化，产品用户意见或回顾性验证结果表明要调整管理系统、职务及工作职责要进行岗位职责修订。

每隔 2 年进行复审决定修订，修订稿的编写、审核、批准程序与制定时相同。

二、标准操作规程

操作规程是指经批准用来指导设备操作、维护与清洁、验证、环境控制、取样和检验等保健食品生产活动的通用性文件，也称标准操作规程。由上述定义，可以看出 SOP 是对某一项具体操作所做的书面指令，是一个经批准的文件，它是组成岗位操作法的基本单元。

1. SOP 编制的基本原则 SOP 编制要合理、可行，各项操作步骤前后衔接要紧凑、条理性强，要明确操作的目的、条件（或范围）、操作地点、操作步骤、操作结果标准及操作结果的评价；语言精练、明确、通俗易懂，应使用员工熟悉的、简短有力的词语来表达，尽量口语化；采用流程、图解，强调关键步骤；必须包括每一项必要的步骤、信息与参数，不能有多余的项目和信息；检验操作规程必要时注明定义、原理、反应式，产品显微鉴别应注明检出成分及检验所用试剂、试液、设备、仪器、材料和用具，操作方法、计算方法和允许误差等。

2. SOP 的内容和格式　内容与格式包括：操作名称或题目、编号、制定人及制定日期、审核人及审核日期、批准人及批准日期、生效日期、分发部门、标题及正文、适用范围、操作（工作）方法及程序、采用物料（原料、辅料、包装材料、中间体）名称、规格、采用容器具名称、规格、操作人员、附录、附页。

3. SOP 管理　SOP 是某项具体操作的书面文件。各类 SOP 由相应岗位操作人员制定，由相应岗位负责人审核，企业质量管理部门负责人批准后执行。

SOP 应结合工艺规程、设备、新技术的变动情况而做相应调整修订，且关键的修订需经验证。SOP 修订稿的编写、审核、批准程序与制定时相同。

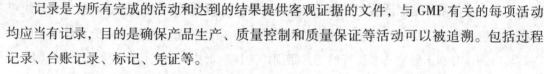

第六节　记录和凭证文件

扫码"学一学"

记录是为所有完成的活动和达到的结果提供客观证据的文件，与 GMP 有关的每项活动均应当有记录，目的是确保产品生产、质量控制和质量保证等活动可以被追溯。包括过程记录、台账记录、标记、凭证等。

标准与记录（凭证）之间是紧密相连的，标准为记录提供了依据，而记录则是执行标准的结果。记录能记载保健食品生产的每一批的全部真实情况，甚至可反映出所生产的批与标准的偏离情况，所以记录与凭证可以反映出保健食品生产活动中执行标准的情况是否符合标准的要求，符合程度如何。对保健食品生产的所有环节，从原料厂家的质量审计到成品的销售都要有记录或凭证可查证。记录和凭证是文件的组成部分，对保证保健食品质量很重要。

记录、凭证大体上可划分为五类，即生产管理记录（物料管理记录、批生产记录、批包装记录等），质量管理记录（批检验记录等），监测维修校验记录（厂房、设施、设备），销售记录，验证记录等。

记录、凭证是填写数据性的文件，是生产过程中产生的书面文件，这些数据必须真实、完整，才能反映出生产中的质量状况、工作状况、设备运行状况等实际情况，才能证明企业所生产的保健食品是符合预定的质量要求的。由于它们记载的是保健食品生产每一批的全部真实情况，可以反映出所生产的批次与标准的偏离情况，所以记录是保证保健食品质量十分重要的软件。

一、记录编制的基本要求

1. 记录标题要明确，能够明确表达记录的类型、性质。

2. 记录内容要详尽、合乎逻辑，符合 GMP 的要求，要包括所有必要的内容、项目、参数、产品生产的指令，无多余的项目及信息。

3. 记录中的操作指令、步骤、参数及引用的标准操作规程编号是对产品工艺技术特性及质量特性的阐述和指导，因此应达到如下要求：术语规范，数据准确无误，符合法定标准、企业标准及产品注册文件，符合企业有关的技术标准及管理标准的要求。

4. 语言要精练、明确，项目要清晰，保证可以正确地理解和使用。

5. 记录的格式要符合 GMP 要求，并结合企业生产管理和质量监控的实际需要来编制，要提供足够的空白位置，以便于填写。填写不同内容要留有适当间隔。

6. 设计记录填写方法时，要尽量考虑到如何有效地防止填写错误或差错。

二、记录的基本内容

记录的基本内容：独一无二的识别编码，并且附有文件修订的版次标志、记录名称、记录页数、总页数、印数、物料、产品、设备编号。产品标记：保健食品名称、代号、剂量、剂型、产品批号、有效期。指令与记录：准确地再现工艺规程（或主配方及生产指令、包装指令）中的生产方法及作业顺序（包括工序检查），并提供必要的记录表格，表格内容有日期、时间、人员、设备、重量、体积、取样、检查、实际收率、中间检查、记录图等，以保证指令被严格执行。

任何与指令的偏离均要记录，包括偏离原因。

实施生产操作的人员要签字，审查和确认生产操作的人员也要签字，质量管理部门收到全部批记录并进行审核的人也要签字。

应当尽可能采用生产和检验设备自动打印的记录、图谱和曲线图等，并标明产品或样品的名称、批号和记录设备的信息，操作人应当签注姓名和日期。

三、记录的填写要求

1. 记录应当留有填写数据的足够空格。记录应当及时填写，内容正确，字迹清晰、易读，不易擦除。不得用铅笔或圆珠笔填写。记录及时，不得超前记录和回忆记录。

2. 记录应当保持清洁，不得撕毁和任意涂改。记录填写的任何更改都应当签注姓名和日期，并使原有信息仍清晰可辨，必要时，应当说明更改的理由。记录如需重新誊写，则原有记录不得销毁，应当作为重新誊写记录的附件保存。

3. 按表格内容填写齐全，不得留有空格，如无内容填写时要用"／"表示，以证明不是填写疏忽。内容与上项相同时应重复抄写，不得用"、、"或"同上"表示。

4. 品名不得简写。

5. 与其他岗位、班组或车间相关的操作记录应做到一致性、连贯性。

6. 操作者、复核者均应填全姓名，不得只写姓或名。

7. 填写日期一律横写，并不得简写。如 2017 年 12 月 10 日或 2017.12.10，不得写成"17""10/12"或"12/10"。

四、记录的管理

（一）生产管理记录

1. 批生产记录和批包装记录　批记录是为一个批次的产品生产所有完成的活动和达到的结果提供客观证据的文件，应根据现行批准的工艺规程的相关内容制定，用于记述每批保健食品生产，可追溯所有与成品质量有关的历史信息。每批产品均应当有相应的批生产记录，可追溯该批产品的生产历史以及与质量有关的情况。

批生产记录的内容：产品名称、规格、批号；生产以及中间工序开始、结束的日期和时间；生产步骤操作人员的签名；必要时，还应当有操作（如称量）复核人员的签名；每一原辅料的批号以及实际称量的数量（包括投入的回收或返工处理产品的批号及数量）；相关生产操作或活动、工艺参数及控制范围，以及所用主要生产设备的编号；中间控制结果的记录以及操作人员的签名；不同生产工序所得产量及必要时的物料平衡计算；对特殊问题或异常事件的记录，包括对偏离工艺规程的偏差情况的详细说明或调查报告，并经签字批准。原版空白的批生产记录应当经生产管理负责人和质量管理负责人审核和批准。每批产品的生产只能发放一份原版空白批生产记录的复制件。

在生产过程中，进行每项操作时应及时记录在生产过程中，进行每项操作时应当及时记录，操作结束后，应当由生产操作人员确认并签注姓名和日期，批生产记录提供了每批产品的历史，具有以下作用。

（1）为质量管理部门进行批次质量审计、确定是否放行，提供真实、客观的依据，保证质量管理部门做出正确判断。

（2）提供对有缺陷的产品或用户投诉产品进行调查与追踪的证据和信息，以便做出正确的处理决定，确认是否应该迅速召回产品。

（3）用于对产品的回顾性评价。它以批记录为依据，以数理统计为手段，可以发现潜在的质量问题以及批指令的不完善处，为标准的编制提供信息和依据。

（4）用于回顾性验证，提供设备与工艺管理改进的信息。

保健食品的生产过程一般来说可分成制造与包装两阶段，与制造相比，包装操作过程较单纯。然而从保证质量的角度看，包装却是最易于产生混淆事故的过程，所以对包装操作也要实行严格的管理，要求有批生产记录与批包装记录。

批生产记录与批包装记录是一组证明且记录生产与包装作业满意完成了每一步骤的文件。根据包装生产过程控制的需要，批包装记录页表头上增加了包装产品的基础信息，用于生产操作人员对记录文件的识别，防止人为差错的发生，批包装记录应当有包装产品的批号、数量以及和计划数量。原版空白的批包装记录的审核、批准、复制和发放的要求与原版空白的批生产记录相同。在包装过程中，进行每项操作时应当及时记录，操作结束后，应当由包装操作人员确认并签注姓名和日期。

2. 批包装记录的内容　包括产品名称、规格、包装形式、批号、生产日期和有效期；包装操作日期和时间；包装工序的操作人员签名；每一包装材料的名称、批号和实际使用的数量；根据工艺规程所进行的检查记录，包括中间控制结果；包装操作的详细情况，包括所用设备及包装生产线的编号；所用印刷包装材料的实样，并印有批号、有效期及其他打印内容；不易随批包装记录归档的印刷包装材料，可采用印有上述内容的复制品或另行规定；对特殊问题或异常事件的记录，包括对偏离工艺规程的偏差情况的详细说明或调查报告，并经签字批准；所有印刷包装材料和待包装产品的名称、代码，以及发放、使用、销毁或退库的数量、实际产量以及物料平衡检查。每一批次的产品从起始原料到最终产品的每一步都必须详细记录，是做出产品是否放行销售的可靠判断。

3. 物料管理记录 物料也要有严格的管理和管理记录。用于生产保健食品的物料的质量对产品的质量起决定性作用，所以其管理也很重要。物料管理记录主要包括：对物料生产企业考察、审计的记录，对进厂物料的验收检查记录，物料在库的储藏、保养等记录，物料出库，退库的记录，货位卡等。

（二）质量管理记录

对原辅料、包装材料、半成品（或中间体）和成品的检验，是质量管理的重要职能之一。所有原辅料、包装材料、半成品、成品都必须经过检验，经检验符合规定的标准才可以使用。每种物料的质量判定等操作都要有相应的记录，质量管理记录内容包括：请验单、取样记录、取样单、增补取样申请单、检验记录（或实验室工作记事簿）、检验报告、环境监测记录、检验方法验证记录、仪器校准和设备使用、清洁、维护的记录、物料处理（合格/不合格）、物料销毁记录、状态标志、批中间控制记录、批记录审核记录、成品审核放行单等。

每批保健食品的检验记录应当包括所用原辅料的检验记录和成品的质量检验记录，可追溯该批保健食品所有相关的质量检验情况。

结合质量回顾和验证要求，对宜进行趋势分析的数据（如检验数据、环境监测数据、生产用水的微生物、监测数据）提出保存要求，加强质量控制部门与其他部门的沟通。明确辅助记录的管理要求，除与批记录相关的资料信息外，还应保存其他原始资料或记录，以方便查阅。

1. 质量审计记录 质量管理部门负责企业的质量审计工作。审计是对生产过程、工程和维修、工艺及质量管理功能的正式检查或审查，其目的在于保证企业生产的各个方面既符合企业内部管理要求又符合 GMP 规定。质量审计应有专门组织，并写出正式的审计报告，对报告内所提及的质量缺陷均应有相应的纠正措施。如果是内部审计形成的记录就是自检记录。保健食品生产企业的质量审计一般有下列三种类型：企业内部的质量审计（自检），对外部供货厂家和合同生产厂家的质量审计，食品安全监督管理部门对企业的质量审计（GMP 的认证）。

2. 稳定性试验记录 每种产品均有稳定性试验支持的有效期，每种产品必须设计、制定并执行稳定性试验方案。新产品或老产品，只要配方或其他影响稳定性的因素发生改变，如最终内包装容器发生改变，就应当重新制订稳定性试验计划并予以执行。

3. 投诉、退货处理报告 投诉是用户对产品不满意的表示，投诉的全部资料均应予以合理保存并定期总结，由此发生的情况均必须书面记载，以便查询。投诉可来自批发商、零售商、经销商、消费者等。保健食品的退货记录内容应包括：品名、批号、规格、数量、退货和收回单位及地址、退货和收回原因及日期、处理意见。因质量原因退货和收回的保健食品，应在当地食品安全监督管理部门监督下销毁，涉及其他批号时，应同时处理。

（三）设施和设备维护、检测以及其他记录

保健食品生产所用的各种设备、仪器和器具均应保存完整的维护和维修、检测和使用记录，以便记载设备、仪器和器具使用的详细情况，尤其是该设备所加工的产品批号，以利于产品质量问题的追溯。

（四）发运与召回记录

产品发运应有专门的记录，发运记录应清楚、完整，能随时方便调用，便于质量跟踪，并方便可能出现的用户意见的处理，确保能迅速地召回产品。

发运记录内容：产品名称、规格、批号、数量、收货单位和地址、联系方式、发货日期、运输方式等。根据发运记录能追查每批保健食品的销售情况，必要时应能及时全部追回。每批成品均应有发运记录，发运记录应至少保存至保健食品有效期后一年。

销售管理记录主要有产品发运记录、产品退货记录、产品召回记录、退货通知单据等。

（五）人员管理记录

人员管理也是企业管理的一项重要内容，人员管理有相应的管理规定，也有相应的记录，人员管理记录主要有人员体检记录、人员健康档案、各类培训制度、计划、记录、评价、统计等、部门职责及人员岗位责任制的履行和考核记录等。

❓ 思考题

1. 文件管理的目的是什么？
2. 制定文件的原则是什么？
3. 如何建立文件系统？
4. 工艺规程是什么？有哪些内容？
5. 记录编制的基本要求有哪些？

📝 实训四　按职能流程设计 SMP、SOP 及记录表格

一、实训目的

通过实训，使学生掌握 SMP、SOP 及记录表格编制的基本要求、内容、格式，学会自行设计 GMP 技术类文件。

二、实训范围

根据所学知识和实训参观 GMP 生产、质量管理部门的情况，按照质量管理流程设计相应 SMP、SOP 以及相关记录表格。

三、实训职责

生产、物料供应和仓储、设备动力、销售、QA、QC 等。

四、实训内容

1. 将学生分组，每小组 6～8 人。参观、学习部门设计为生产、物料供应和仓储、设备动力、销售、QA、QC 等。以从物料采购直至产品销售后的市场反馈为主线，分别请各小组说明应担负的质量职责，并结合所做的工作设计记录表格。可参考以下表格。

2. 查询资料了解质量系统职责分配，同时应注意结合物料在产品生产企业中的流转过程中，产品质量管理系统在不同阶段的作用。

3. 查询资料，学习 SOP 的组成要素有哪些。

×××公司设备运行记录

编号：SMP03－xx（y）－00

设备名称				规格型号			
设备编号				岗位定置			
日期	班次			累计开机时间	药品名称	产品批号	运行状态	操作人
	早	中	晚					
本月累计台时								
记录图例				1. 正常运行"√" 2. 停运抢修"?" 3. 故障抢修"!" 4. 日常小修"Δ" 5. 计划大修"—"				
监控员：			复核人：			操作人：		

×××公司包衣岗位生产记录

编码：BPR201－007－01

产品名称：	产品批号：		规格：		批量：		页数：
执行的工艺规程编号：		生产指令号：			生产日期：　年　月　日		
所用设备		设备编号			设备操作 SOP		
岗位操作 SOP	包衣标准操作规程：				设备清洁 SOP		
物料名称	规格	批号	检验单号	处方量	称重量	称量者	复核者	供货单位
操作开始时间：					操作结束时间		
工艺要求及操作方法					实际操作		
1. "四证"齐全方可操作 　 清场合格证　设备完好证 　 生产许可证　半成品递交许可证					1. □齐全　□不齐全		
2. 核对包衣用片芯和包衣用原辅料的品名、批号、重（数）量、规格等是否均为合格					2. □合格　□不合格		
3. 设备操作按《B×F－1000 型包衣机 SOP》及相关设备 SOP 进行					3. □是　　　□否		

续表

工艺要求及操作方法	实际操作
4. 制浆：根据品种工艺的规定，配制适当浓度的溶液，作为包衣液浆 5. 包衣：随时注意各包衣阶段所用的包衣液浆的品种、浓度、用量、包衣层数和包衣温度等 6. 凉片：打光后的糖衣片置硅胶干燥室（柜）干燥 8～12 小时 7. 晾片后及时收片，密闭容器，填写桶卡，注意：品名、规格、批号、数量、收片人和收片时间等，交中间站待验 8. 清洁：执行相关设备、环境等清洁规程 9. 清场：执行《清场SOP》	4. 制浆记录： 5. 包衣记录： 6. 晾片时间：＿＿＿＿～ 7. 盛器：□清洁 □不清洁 桶卡：□正确 □不正确 产量：＿＿＿＿kg，共＿＿＿＿桶 8. □合格 □不合格 9. □合格 □不合格

操作人		复核人	

半成品检验	检验单号：	结果：合格□ 不合格□	检验人：

清场	操作结束是否按规定清场和悬挂状态标志 是 □ 否 □

备注	

（林清英）

第八章　生产管理

保健食品是生产出来的，因此，生产管理是保健食品生产企业制造全过程中决定保健食品质量的最关键和最复杂的环节之一。这里所讲的生产指生产加工，即保健食品制备过程中，包括物料的传递、加工、包装、贴签、质量控制、放行、储存、销售发放等一系列相关的控制作业活动，因此，生产的各个阶段均应采取措施保护产品和物料免受污染。保健食品的生产制造过程同其他商品一样，都是以工序生产为基本单元，生产过程中某一工序或影响这些工序的因素出现变化，如环境、设施、设备、人员、物料、控制、程序等，必然会引起保健食品质量及其生产过程的波动。因此，不仅保健食品要符合质量标准，而且保健食品生产全过程的工作质量也要符合 GMP 要求。生产管理的主要目标是按照 GMP 要求对生产全过程进行监控，以杜绝差错和混淆，防止污染和交叉污染，确保所生产保健食品的质量。

第一节　生产文件管理

一、生产管理文件的制定

（一）生产管理

生产管理是《保健食品 GMP》实施的核心环节，是确保产品质量安全、有效、均一的关键。保健食品生产管理主要包括生产管理文件的制定、生产指令的发放与批号管理、原辅料备料与生产准备管理、生产配料与加工过程的管理及质量控制，产品包装与标签管理、防止生产过程中的污染和交叉污染等项目。

（二）生产文件管理

生产的全过程实际上是执行文件并将操作的结果如实记录的过程，整个过程需要复核

扫码"学一学"

·113·

和监控。

实施 GMP 的目的是为了能始终如一地生产出符合设定质量标准的产品。要达到这一目的，企业的各种生产及质量管理活动必须用"标准"来规范。"标准"的载体即文件。按照"标准"进行操作，并将结果及时记录下来。经过复核、批准的记录在药品和保健食品领域内也称作"文件"，如许多验证文件就是这类记录。为了强化文件的可追溯性，有些记录在形式上兼有指令及记录两方面的内容，将两者合二为一，在传统管理方式上又向前跨进了一步。因此，被称为记录的文件往往含有指令，它们就是"标准"。文件能够体现企业的管理思想，反之，企业的管理是否科学、严格、切合实际又可以从文件中反映出来。为实施科学有效的管理，文件的编写、分类及管理必须遵循一定的规则，符合一定的要求，使各类文件组成一个完整的体系，即文件管理体系。良好的文件管理体系可以成为企业质量管理的重要工具，是质量保证体系的重要组成部分。

我国保健食品 GMP 对文件的要求在相关部门的职责中做了阐述，如"保健食品生产所需要原料的购入、使用等，应制定验收、储存、使用、检验等制度，并由专人负责"，又如"工厂应根据规范要求并结合自身产品的生产工艺特点，制定生产工艺规程及岗位操作规程"。

（三）GMP 对文件的要求

GMP "文件和记录"中对文件的阐述包括以下内容。

1. 原则。

2. 概述。

3. 必要的文件

（1）标签/标识（包括通常所说的印刷包装材料）。

（2）质量标准及检验方法。

（3）原料和包装材料的质量标准。

（4）中间产品和待包装产品的质量标准。

（5）成品的质量标准。

（6）批生产记录。

（7）批包装记录。

4. 标准操作规程和记录

（1）接收（原辅包装材料类进货验收等程序）。

（2）取样。

（3）检验。

（4）其他。

（四）必要的文件

1. 标签不局限于瓶贴、盒贴，它通常还包括说明书和其他印刷包装材料，如印有产品名称和使用注意事项的小纸盒。在我国药品及保健食品生产中，这类印刷包装材料通过标签来管理。

2. 质量标准及检验方法包括成品、半成品、待包装产品，以及原料、包装材料的质量标准。

3. 生产配方和加工/包装指南。

4. 批生产/包装记录。

5. 标准操作规程。

二、生产指令发放与批号管理

（一）生产指令发放

1. 生产指令 包括批生产指令、批包装指令和各工序生产（操作）指令，是各车间、岗位从事生产工作的依据。

2. 批生产指令 由企业生产部根据生产计划下达，应明确包括产品代号、名称、剂型、规格，生产依据、适用工艺规程和岗位操作规程，领用原辅料代号、名称、编号、等级、数量，各工序生产周期、使用机台和模具、要求产品收率以投执行指令车间、班组、产品质量负责人和产品代号、批号等内容。

3. 工序生产（操作）指令 可由企业生产部门或生产车间根据企业批生产指令下达。应包括生产加工品种名称、代号、数量、批号，要求执行工艺规程和岗位操作规程，加机台及工具、模具，生产周期以及产品收率。

4. 批包装指令 也由企业生产部门根据生产计划下达，应明确要求包装产品名号、数量、规格、批号，使用中间产品数量、代号、批号，以及领用各类包装材料数量指令车间和班组等内容。

企业生产部门在下达生产指令的同时，应将生产指令副联同时报送企业品质管理部门，以便品质管理部门及时检查和监督产品生产。

（二）生产批号制定和管理

1. 批号的定义 用于识别同一批产品的一组数字（或字母加数字）。

2. 批号的重要性 由于批号可用于追溯和审查该批产品的生产历史，所以，批号管理是产品质量的重要内容，是产品生产质量的代号。

3. 批的划分原则

（1）固体制剂在成型或分装前，使用同一台混合设备一次混合量所生产的均质产品为一批。如采用分次混合，经验证，在规定限度内所生产一定数量的均质产品为一批。

（2）液体制剂在灌装（封）前，经同一台混合设备最后一次混合的液体所生产的均质产品为一批。

4. 批号的制定 批号原则上由企业生产部门随生产指令一并下达确定。常用编制方法为"年–月–流水号"，如批号170308，即代表2017年3月第8批生产的产品。若同一批混合产品用不同装填或灭菌设备，可在原批号后加两位数字，形成亚批号以示区别，如批号17030802即代表2017年3月第8批第2台机灭菌或装填产品。

第二节 生产工艺管理

一、产品生产工艺规程管理

产品生产工艺规程是指生产一定数量成品所需起始原料和包装材料的数量，以及工艺

扫码"学一学"

加工说明和注意事项，包括生产过程中各个环节的制作方法和控制条件等内容的一个或一套文件，是产品生产管理和质量监控的基准性文件，也是制定批生产记录、发放批生产指令和批包装指令的重要依据。

（一）生产工艺规程主要内容

产品生产工艺规程主要包括生产岗位操作规程和生产岗位标准操作规程。生产岗位操作规程是指经批准，用以指示生产岗位某品种的具体操作的书面规定。生产岗位标准操作规程是经标准化并批准，用以指示某岗位操作的通用性文件或管理办法。

1. 生产岗位操作规程

（1）岗位。

（2）编号、颁发部门、生效日期。

（3）所属生产车间名称（如必要，指明产品名称）、岗位名称。

（4）原辅材料、上工段中间产品的代号、名称、质量标准、性能及每批使用量。

（5）生产操作方法及要点。

（6）重点操作的复核制度，以及防止混淆、差错的注意事项。

（7）工艺卫生与环境卫生，以及防止污染的注意事项。

（8）主要设备或工器具的名称、规格要求，以及维护、使用、清洗及检查方法和验收标准。

（9）安全防火和劳动保护。

（10）异常情况的报告及处理。

（11）本岗位制成品的名称及质量标准。

（12）度量衡器的检查与校正。

（13）本岗位的物料平衡、技术经济指标及其计算。

（14）附录（有关理化常数、计算公式及换算表等）。

2. 生产岗位标准操作规程

（1）操作名称。

（2）编号、颁发部门、生效日期。

（3）所属生产（或管理）部门、岗位、适用范围。

（4）操作方法（或工作方法）及程序。

（5）采用原辅材料（中间产品、包装材料）的代号、名称、规格及编号。

（6）采用工具、器具的名称、规格及用量。

（7）操作人员。

（8）附录、附页。

（二）生产工艺规程制定程序

生产工艺规程一般由企业生产部门组织编写，由品质管理部门组织专业会审，由企业负责人批准后颁布执行。制定要求如下。

1. 生产工艺规程必须按产品申报批准的工艺规程制定，不可任意更改。

2. 若因工艺改革、设备改进或更新，原辅材料变更等，必须提出申请并经验证。

（三）生产工艺规程制定注意事项

1. 生产岗位操作规程应合理、可行，各操作步骤的前后衔接要紧凑，条理性要好。

2. 语言要简练、准确、通俗和易懂，便于操作人员掌握。

3. 必须包括每一项必要步骤、信息和参数。

4. 岗位操作规程不得任意更改。若因工艺改革、设备改进或更新、原辅材料变更等，须提出申请并经验证。

二、生产记录的制定和管理

生产记录是生产过程中各项生产操作过程、生产操作条件和生产操作结果等的原始记录，是产品生产过程中各方面情况的原始凭证，是追索复核产品质量的原始依据。产品生产记录包括批生产记录、批包装记录和岗位生产记录。

（一）批生产记录的制定和管理

1. 批生产记录的内容　批生产记录是该批产品生产全过程（包括中间产品检验）的完整记录。它由生产指令、生产工艺传递卡、有关岗位生产原始记录、清场记录、偏差调查处理情况、中间产品检验报告单等汇总而成。

2. 批生产记录的填写　批生产记录可由岗位工艺员分段填写生产工艺传递卡和岗位生产记录，由车间技术人员汇总，报生产部审核并签字后送品质管理部门复核、归档。

3. 批生产记录填写注意事项

（1）批生产记录要及时如实填写，并保持整洁，不得撕毁和任意涂改。

（2）若发现填写错误，应按规定程序更改。

（3）批生产记录应按代号、批号归档，保存至产品有效期后一年。

（二）批包装记录的制定和管理

1. 批包装记录是该批产品包装全过程的完整记录。

2. 批包装记录可单独设置，也可以作为批生产记录的组成部分。

3. 批包装记录的内容包括：产品代号、名称、剂型、规格、批号、计划产量、包装方法、包装要求、作业顺序，半成品包装材料领用数量、使用数量、报废数量、回库数量，不合格品数量、合格品数量、生产日期以及本次包装操作的清场记录等内容。

4. 批包装记录的填写注意事项同批生产记录。

（三）岗位生产记录的制定和管理

岗位生产记录是对各岗位生产情况的真实记录，其内容应包括该岗位各项生产条件参数，生产品种代号、名称、数量、批号、收率情况，以及生产过程中各工艺参数复核情况等。

岗位生产记录的填写要求同批生产记录，应同生产工艺传递卡一并成为批生产记录的内容。

扫码"学一学"

第三节　生产过程管理

一、原辅料备料与生产准备管理

生产车间、班组或岗位在接到上级生产指令后，应充分做好生产前准备和原辅料备料工作。

（一）原辅料备料管理

生产前准备工作完成后，方可按以下程序进行原辅料备料工作。

1. 根据生产指令编制领料单，经复核批准后向仓库限额领取物料。

2. 车间材料员或班组收料人检查已领物料的合格标志，并对照领料单核对物料的代号、品名、规格和编号或批号，确认质量符合要求后，复称重量或复核数量，然后在"领料"上签字。

3. 车间材料员或小组领用的原辅料、内包装材料，在指定地点（拆包间）除去外包装，通过传递窗或缓冲间进入车间备料间，按品种、规格、批号或物料进厂编号分别堆放，并贴上合格物料卡。对于不能除去外包装的物料应清除表面尘埃，擦抹干净后进入洁净区。

（二）生产前准备管理

1. 检查与生产品种相适应的工艺规程、岗位操作规程等生产管理文件是否齐全。

2. 检查生产区域已无任何与本批生产无关的物料、产品与文件，清场检查符合要求，取下上批清场合格证，放入本批产品记录，挂上本批生产状态标示牌。

3. 检查生产场所是否符合该区域清洁卫生要求。

4. 对设备状况进行严格检查，检查合格，挂上运行状态标示牌后方可使用。

5. 对生产用计量容器、度量衡器以及测定、测试仪器、仪表，进行必要的检查（或校正）。

6. 检查设备、工具、容器清洗是否符合标准。

7. 检查生产用介质符合工艺要求。

二、生产配料与加工过程的管理及质量控制

（一）配料管理

1. 生产配料应使用经校验合格的计量器具。

2. 生产配料时，计算、称量和配料要有人复核，操作人、复核人均应在生产工艺卡和岗位操作记录上签名。

3. 产品配料必须准确执行配方和生产指令，不得私自变更配方，低限或高限配料，并严格按"生产工艺规程"所规定的工艺条件、配料内容和数量、配料时间和方法进操作。应仔细观察配料过程中的物料变化，按规定对物料参数进行仔细监测，发现异常，立即报告处理。

4. 使用后剩余散装原辅材料应及时密封，由操作人在容器上注明启封日期，剩余的数量、皮重、毛重，经使用者、复核者签名后，由专人办理退料手续。

5. 对再次启封使用的原辅料，应核对标签，检查外观形状，经确认合格后方可使用。如发现有异常或性质不稳定的原辅材料，应再次送检，合格后方可使用。

（二）生产工艺管理

1. 生产全过程必须严格执行工艺规程和岗位操作规程。严格按工艺规程规定条件、操作规程规定方法、生产指令规定内容进行操作，不得擅自更改。

2. 生产规程各关键工序要严格进行物料平衡，符合规定范围方可递交下一工序继续操作；若超出范围，必须查明原因，在得出合理解释、确认无潜在质量事故后，经品质管理部门负责人批准，中间产品方可递交下一工序。

3. 应严格控制在规定生产周期内完成生产任务。生产周期若有变动，要按偏差管理程序处理。

4. 有毒、有害、高活性、易燃和易爆岗位要严格执行安全操作规程，有效地实施防范措施，厂安全员要严格检查和防范。

5. 车间工艺员、企业生产技术部门、质量监督员应定时对生产工艺执行情况进行查证，并将查证结果记入工艺传递卡或岗位操作记录。

6. 固体制剂的成型、装填、包封工序，液体剂的灌封工序均应在洁净区进行，并尽可能使用自动或半自动设备。操作员应按岗位操作规程要求定时定量抽查产品装量差异，并将抽查结果及时记入岗位操作记录。

7. 生产过程各岗位的操作及中间产品的流转都必须在质管员的严格监控下进行，各种监控凭证都要纳入批生产记录；无质检员签名发放的中间产品，不得往下一工序传递。

8. 各关键工序，比如起草生产指令、配料、罐装、消毒、灯检、外包装等，要严格复核，防止差错或混淆。

（三）生产过程中的灭菌管理

灭菌与消毒在保健食品生产过程中是一项重要的操作，也是保证保健食品质量的重要措施之一。灭菌是指用物理或化学方法将所有致病的微生物全部杀菌。灭菌方法是指杀灭或除去所有微生物的繁殖体和芽孢或孢子的技术。微生物包括细菌、真菌、病毒。微生物的种类不同，对应的灭菌方法不同，灭菌效果也不同。细菌的芽孢具有较强的抗热能力，因此灭菌效果常以杀灭芽孢为准。消毒是指杀灭物体上的微生物的繁殖体，不能保证杀死芽孢或孢子。

1. 灭菌方法　分为两大类：物理方法（干热灭菌、湿热灭菌、过滤除菌、辐射灭菌等）和化学方法（气体灭菌和药液灭菌）。下面分别介绍几种常用的灭菌方法。

（1）干热灭菌法　利用火焰或干热空气进行灭菌的方法。干热灭菌可用于能耐受高温，却不宜被蒸汽穿透，或者易被湿热破坏的物品的灭菌。由于在相同的温度下，干热对微生物的杀灭效果远低于饱和蒸汽，故干热灭菌需要较高的温度或较长的灭菌时间。一般 135～170℃灭菌需要 2～4 小时；180～200℃灭菌需 0.5～1 小时。干热灭菌常用的设备有干热灭菌柜和隧道灭菌系统。

（2）湿热灭菌法　在饱和蒸汽或流通蒸汽或水中进行加热灭菌的方法。蒸汽具有潜热大、穿透力强、灭菌效果比干热灭菌好等特点。由于此法灭菌可靠、易于控制、操作方便、经济实惠，所以是目前生产中最常用的灭菌方法。湿热灭菌的主要设备是灭菌釜。具体方法有湿热灭菌法、流通蒸汽灭菌法、煮沸灭菌法、低温间歇灭菌法等。

（3）除菌滤过法　利用细菌不能通过致密具孔滤材的原理，除去对热不稳定的食品溶液或液体物质中的细菌，从而达到无菌的要求。采用本法除菌必须配合无菌操作技术。如过滤装置、滤液的接收容器及管道等必须预先灭菌。除菌滤过常用设备为微孔薄膜滤器，滤膜的孔径不宜大于 0.22 μm。

（4）辐射灭菌法　将最终产品的容器和包装暴露在由适宜放射源（通常用钴60）辐射的 γ 射线或适宜的电子加速器发出的射线中，从而达到杀菌目的的方法。主要应用于对上述三种方法不适用的容器、不受辐射破坏的物品。

（5）微波灭菌法　用微滤（300 MHz~300 GHz 的电磁波）照射而产生的热杀灭微生物的方法。具有低温（70~80℃）、常压省时（一般2~3分钟）、高效、均匀、保质期长、节约能源、不污染环境、操作简单、易维护等优点。常用设备为微波灭菌机。

（6）紫外线灭菌法　用紫外线照射杀灭微生物的方法。灭菌力最强的波长是253.7 nm，一般使用200~300 nm 波长的紫外线灭菌。

（7）环氧乙烷灭菌法　一种传统的灭菌方法，利用环氧乙烷气体进行灭菌。杀菌的效果由灭菌时间、气体浓度、温度和湿度等因素决定。可应用于洁净工作服、设备、设施、塑料瓶等不耐热物品的灭菌。

（8）甲醛灭菌法　将甲醛倒入甲醛发生器或加热盘或烧杯中（必要时可视空间的大小加入高锰酸钾 2~3 g/m³），然后加热，使甲醛蒸发成气体而灭菌。甲醛的用量按房间体积计算，一般为 8~9 g/m³（浓度为 37%~40% 甲醛液）。当房间温度在 40℃，相对湿度在 65% 以上时，甲醛气体灭菌效果较理想。甲醛灭菌的气体发生量、熏蒸灭菌时间、换气时间等应通过验证来确定，主要用于洁净室、风管仓库等灭菌。

（9）臭氧消毒法　臭氧在常温、常压下分子结构不稳定，很快会自行分解，后者具有很强的活性，对细菌有强烈的氧化作用，臭氧可氧化细菌内部氧化葡萄糖所必需的酶，从而破坏其细胞膜，将细菌杀死。多余氧原子则会自行重新结合成为普通氧分子，不存在任何有毒残留物，故称为无污染消毒剂。它不但对多种细菌（包括肝炎病毒、大肠杆菌及杂菌等）有极强的杀灭能力，而且对霉毒也很有效。

生产臭氧的原料主要是电能和空气，一般通过高频臭氧发生器（电子消毒器）来获得。消毒时，直接将臭氧发生器置于房间中间即可，可用于局部和系统的消毒，对空调系统与室内环境来说，是一种简便的消毒方法。臭氧消毒时要注意根据消毒空间制定臭氧量、臭氧浓度和消毒时间等。

（10）消毒剂消毒法　使用的消毒剂有：75% 乙醇、75% 异丙醇、1% 戊二醛、0.1%~0.2% 新洁尔灭、0.5%~3% 苯酚（石炭酸）、2%~5% 甲苯酚等。

2. 灭菌管理要点

（1）应根据不同产品、不同生产设施及仓库等特点选择适宜的灭菌方法。

（2）产品灭菌必须制定严格的灭菌工艺和灭菌岗位操作规程，并必须经过验证，以确保灭菌效果安全有效。

（3）必须选择效果可靠、性能稳定、对有效成分破坏最少、安全、节能、卫生的灭菌设备和方法。

（4）灭菌设备使用前都必须进行验证，工艺改变或大修后，要进行再验证，以确保灭菌效果。

（5）灭菌釜宜选择双扉式的，使用前应进行温度均匀性和灭菌效果的验证，并有记录，FO 值应控制在 8.0 以上。

（6）选用的过滤器材和处理方法应符合工艺要求，不得对产品造成任何质量上的影响。微孔滤膜使用前后应做完整性实验，以保证其灭菌效果。

（7）药液从配制到灭菌开始，其间隔不得超过工艺规定的时间。

（8）灭菌应有温度、压力、升温时间、恒温时间、数量及全过程的温度 – 压力曲线图或温度曲线图。

（9）按批号进行灭菌，不得混批。灭菌前后的中间产品应有可靠的防混淆措施。

（10）直接接触药品的包装设计、设备和其他物品，应规定从灭菌结束到使用的最长存放时间。

（11）当一个批号产品使用多个灭菌柜灭菌时，应注明亚批号。

（12）使用消毒剂消毒时，应有两个以上消毒剂轮换使用，以防产生耐药性菌株。

（四）生产现场状态管理

1. 正在生产的操作区域应挂生产状态标示牌，注明正在生产的产品代号、名称、规格、批号等。

2. 生产用设备在使用中、维修中、清洁中、消毒或灭菌前后均应有状态标示。

3. 生产现场的容器具应放置在一定位置并及时清理。使用过的工具、容器具应及时清洁，并按规定要求消毒。已清洁消毒和未清洁消毒的工具、容器具定置挂牌放置，以免混淆。

4. 中间产品应及时加盖密封，称量挂牌放入指定位置，标记清楚合格、待验、不合格状态，及容器编号、物料代号、品名、批号、数量，以免混淆。

5. 生产中可回收使用尾料和不可回收使用尾料应分器收集，并明码标记，及时按要求处理。可回收者，经检验合格后，用洁净容器收集，挂牌定位存放，以备再用；不可回收者，应及时称重标记，按废物处理程序及时处理。

（五）不合格品的管理

1. 凡不合格原辅材料不准投入生产，不合格半成品不得流入下一工序，不合格成品不准出厂。

2. 当发现不合格原辅材料、半成品（中间产品）和成品时应按下列要求管理。

（1）立即将不合格品隔离于规定的存放区，挂上明显的不合格牌。

（2）必须在每个不合格品的包装单或容器上标明品名、规格、代号、批号、生产日期等。

（3）填写不合格品处理报告单，内容包括：品名、规格、代号、批号、数量，查明不合格品的日期、来源，不合格项目及原因、检验数据及负责查明原因的有关人员等，分送各有关部门。

（4）由品质管理部门会同技术、生产部门查明原因，提出书面处理意见，负责处理的部门限期处理，品质管理部门负责人批准后执行，并应有详细的记录。

（5）凡属正常和生产中剔除的不合格产品，必须标明品名、规格、批号，妥善隔离存放，按规定处理。

（6）生产中产生的不合格产品，均应由生产部门负责写出书面报告。内容包括质量情况、事故或差错发生原因，应采取的补救方法，防止今后再发生的措施。由品质管理部门审核决定处理程序。

（7）必须销毁的不合格产品由仓库或生产部门填写销毁单，品质管理部门批准后按规定销毁。

（六）物料平衡

1. 制剂生产必须按照配方量的100%（标示量）投入净物料，如已知某一成分在生产或储存期间含量会降低，工艺规程中可规定适当增加配料量。

2. 产品（或物料）的理论产量（或理论用量）与实际产量之间的比值应有可允许的正常偏差，收率范围应在批生产记录上标明。

3. 每批产品应在生产作业完成后，填写岗位物料结存卡，并进行物料平衡检查。如有显著差异，必须查明原因，在得出合理解释、确认无潜在质量事故后，方可按正常产品处理。

（七）偏差处理

1. 偏差处理内容　出现以下偏差之一时必须及时处理。

（1）物料平衡超出收率的正常范围。

（2）生产过程时间控制超出工艺规定范围。

（3）生产过程工艺条件发生偏移、变化。

（4）生产过程中设备突然异常，可能影响产品质量。

（5）产品质量（含量、外观、加工工序）发生偏移。

（6）跑料。

（7）标签实用数、剩余数、残损数之和与领用数发生差额。

（8）生产中其他异常情况。

2. 偏差处理程序

（1）发生超限偏差时，必须填写偏差处理单，写明品名、代号、批号、规格、批量、工序、偏差内容，发生的过程及原因、地点，填表人签字、日期。将偏差处理单交给生产部门管理人员。

（2）生产部门负责人及管理会同质量管理室有关人员进行调查，根据调查结果提出处理建议：①继续加工；②重新加工；③回收或采取其他补救措施。如确认可能影响产品质量者，应报废或销毁。

（3）生产部门技术人员将上述处理建议（必要时应验证），写出书面报告（一式两份），生产部门负责人签字后连同偏差通知单报品质管理部门，由该部门负责人必要时会同有关部门负责人审核、批准。

（4）生产部门按批准的文件组织实施；同时将偏差报告单、调查报告、处理措施及实施结果交质量管理室归档备查。

（5）发出偏差批次与该批前后批次产品有关联时，生产部门应与品质管理部门讨论，以做出相应处理。

三、产品包装与标签管理

（一）包装管理

1. 对符合生产工艺规程要求、完成生产全过程并检验合格的产品方可下达包装指令。某些产品因检验周期长，需要在出检验结果前先包装的产品，可先包装后在成品库办理寄库手续进行寄库管理，收到检验合格证后，重新办理入库手续。

2. 产品装盒、装箱、打码工序均应有现场质监员监督、复核，并在生产记录上签字。

3. 包装用的标签，必须由车间凭生产指令填写需料送料单，派专人到仓库限额领取，并根据生产需要限额发放使用。

4. 残损标签和已印刷批号等内容的剩余标签，应由专门负责标签的人员同质管员一起计数并销毁，做好记录，由经手人及监销人签字。

（二）标签管理

1. 管理范围

（1）标签。

（2）使用说明书。

（3）印有与标签内容相同的产品包装物，其管理与标签管理相同。

2. 标签、使用说明书的设计与印刷

（1）产品包装、标签、使用说明书设计应特别注意其内容、式样、文字应与保健食品证书批准的内容相一致，文字图案不得加入任何未经审批同意的内容。

（2）产品包装、标签、使用说明书的设计稿宜经品质管理部门审核批准。

（3）标签、使用说明书的清样应由品质管理部门校对，确认无误并签字后才能印制、发放、使用。

（4）第一批印制出来的标签、使用说明书经品质管理部门严格检验，认为符合要求后，留下五套以上作为标准样本，分别发给生产部门、仓储部门（包材库）、供应部门各一套，品质管理部门两套，其中一套作为检验用的标准样本，一套归档。

（5）标签、使用说明书应登记版本，每一版本均应归档。

（6）应选择信誉好、管理好的企业印制标签和使用说明书，并加强印制过程管理，严格控制印刷数量，及时销毁废次品；严格管理模具，模具使用、启封及封存要有管理制度及登记制度；及时回收并销毁标签、说明书已改变版本的模具，并且进行模具登记及档案管理。

3. 标签及使用说明书的验收要求

（1）验收员应依据标准样本，逐项检查色泽、尺寸、材质、文字、折叠、切割、印刷质量等，特别注意检查有无漏印某个版面、文字或图案。

（2）按每一件包装规定的数量来复核数量，并且必须准确。

（3）拒收的标签和使用说明书经印制企业确认后由生产企业亲自销毁，不能退回印制企业处理。

4. 标签及使用说明书的保管

（1）标签及使用说明书应于专库（或专柜）上销存放，专人负责，专账管理。

（2）标签及使用说明书应按照品种、规各、批次整齐码放，垛位前最好贴有样张，便于查找发料。

5. 标签及使用说明书的发放与使用管理

（1）标签及使用说明书必须包装指令发放，按实际需要领取；车间设专人领取及保管。

（2）标签要计数发放，发料人、领料人均需核对，并由双方签名，做好仓库发放记录。

（3）领到车间的标签，要专柜上锁保管，计数发放到班组、机台，领、发人均要核对并签名，做好车间发放记录。

（4）将一张已打印批号、有效期（储存期）等文字的标签样品贴在批包装记录的背面。

（5）未打印批号的剩余标签应退库。

（6）应严格控制标签的消耗定额。若发现标签的消耗定额超标，应马上寻找原因，按偏差管理办法处理。

6. 标签的销毁管理

（1）残损标签或印有批号的剩余标签要由专人负责计数，专人负责销毁并监销。

（2）做好销毁记录，经手人和监销人员签字。

四、防止生产过程中的污染和交叉污染

（一）生产清场

为了防止混淆和差错事故，各生产工序在生产结束，转换品种、规格或换批号前应彻底清场并检查作业场所。

1. 清场内容及要求

（1）地面无积灰、无结垢，门窗、室内照明灯、风管、墙面开关箱外壳无积尘，与下次生产无关的物品（包括物料、中间产品、废弃物、不良品、标准和记录）已清离生产场地。

（2）使用的工具、容器已清洁，无异物和遗留物。

（3）设备内无上次生产遗留物，无油垢。

（4）更换品种或规格的非专用设备、管道、容器和工具应按规定拆洗或在线清洗，必要时要消毒灭菌。

（5）凡与保健品直接接触的设备、管道、工具、容器，应每天或每批清洗或清理。同一设备连续加工同一品种、规格的非无菌产品时，其清洗周期可按生产工艺规程及标准操作规程的规定执行。

（6）包装工序调换品种时，剩余的标签及包装材料应全部退料或销毁，剩余的待包装品、已包装品及散落的产品要全部清离出场，所有与产品接触的设备、器具要清洗干净，必要时灭菌消毒。

（7）一批产品生产结束后，垃圾袋要及时清理或更换。

2. 清场记录及清场合格证

（1）清场应有清场记录，内容包括：工序名称、产品代号、品名、规格、批号、清场日期、清场及检查项目、检查结果、清场人和复核人签字等。包装清场记录一式两份，把正本纳入本批批包装记录，把副本纳入下一批批包装记录之内。其余工序清场记录纳入本批生产记录。

（2）清场结束，由具有清场检查资格的人员检查合格后发给"清场合格证"，并挂在已清场区域。"清场合格证"作为下一个品种（或同品种不同规格、不同批号）的开工凭证纳入批生产记录中。未取得"清场合格证"不得进行另一个品种或同一品种不同规格、不同批号的产品生产。

（3）"清场合格证"内容应包括生产工序名称（或房间），清场品名、规格、批号，清场日期，清场人员和检查人员签名。

3. 清场复查 在生产开始前对生产场地、生产设备等进行检查，确认没有上一批生产的遗留物，保证不会对下一批生产造成污染、交叉污染、差错或混淆。

（二）其他注意事项

1. 不同品种、规格的产品不得在同一生产操作间同时进行生产。

2. 有数条包装线同时进行包装时，应采取隔离或其他有效防止污染或混淆的措施，隔离栏高度应不低于1.5 m。

3. 生产过程中应尽量防止尘埃产生与扩散，如采用分隔、加盖、轻拿、轻放和喷水雾等措施。

4. 生产过程中应防止物料及产品所产生的气体、蒸汽、喷雾物和生物体等引起的交叉污染。

5. 动植物原材料要先经过拣选，去除杂物、异物和沙泥等，然后用流动水洗涤；用过的水不能洗涤其他原料；不同性质的材料不得一起洗涤；洗涤后的材料不能露天干燥。

6. 直接进入产品的粉末原料，配料前应先做微生物检验，符合标准后方可投入使用。

？ 思考题

1. 保健食品生产管理的制度和记录有哪些？

2. 批生产记录的制定和管理有哪些内容？

3. 生产现场状态管理有哪些内容？

4. 如何防止生产过程中的污染和交叉污染？

5. 保健食品标签及使用说明书的发放与使用管理要求有哪些？

实训五 批生产记录管理

一、实训目的

掌握批生产记录的组成、内容；学会如何进行批生产记录的管理、根据批生产记录追溯该批产品生产历史的方法。

二、实训范围

某特定产品的生产工艺流程和质量控制点。

三、实训职责

教师进行角色分配时应明确具体内容，并参与批记录的审核工作。

四、实训内容

1. 实训学生根据给定的生产品种的工艺流程、操作规程、质量控制点整理出完整的批生产记录，并能真实和准确地反映生产中各个工序的任务、时间、批次、用料、操作、数量、质量、技术数据、操作人、复核人等实际情况。

2. 学生根据给定的生产品种，开展批生产记录的发放、填写、复核、汇总、审核流程，填写批生产记录、批包装记录和岗位生产记录。

3. 填写记录过程中要掌握填写注意事项、记录的判定和管理要求。

（杨凤琼）

第九章　生产许可审查

📖 知识目标

1. **掌握**　生产许可审查的工作程序。
2. **熟悉**　生产许可审查的作用。
3. **了解**　生产许可审查缺陷的整改内容。

📖 能力目标

1. 能够识别不同严重程度的缺陷。
2. 能够按照生产许可审查的要求提供所需文件。

为规范保健食品生产许可审查工作，督促企业落实主体责任，保障保健食品质量安全，依据《中华人民共和国食品安全法》《食品生产许可管理办法》《保健食品注册与备案管理办法》《保健食品良好生产规范》《食品生产许可审查通则》等相关法律法规和技术标准的规定，制定本细则。

第一节　生产许可审查受理

一、材料申请

1. 保健食品生产许可申请人应当是取得《营业执照》的合法主体，符合《食品生产许可管理办法》要求的相应条件。

2. 申请人填报《食品生产许可申请书》，并按照《保健食品生产许可申请材料目录》（表9-1）的要求，向其所在地省级相关监督管理部门提交申请材料。

表9-1　保健食品生产许可申请材料目录

序号	材料名称
1	食品生产许可申请书
2	营业执照复印件
3	保健食品注册证明文件或备案证明
4	产品配方和生产工艺等技术材料
5	产品标签、说明书样稿
6	生产场所及周围环境平面图
7	各功能区间布局平面图（标明生产操作间、主要设备布局以及人流物流、净化空气流向）
8	生产设施设备清单

扫码"学一学"

序号	材料名称
9	保健食品质量管理规章制度
10	保健食品生产质量管理体系文件
11	保健食品委托生产的，提交委托生产协议
12	申请人申请保健食品原料提取物生产许可的，应提交保健食品注册证明文件或备案证明，以及经注册批准或备案的该原料提取物的生产工艺、质量标准
13	申请人申请保健食品复配营养素生产许可的，应提交保健食品注册证明文件或备案证明，以及经注册批准或备案的复配营养素的产品配方、生产工艺和质量标准等材料
14	申请人委托他人办理保健食品生产许可申请的，代理人应当提交授权委托书以及代理人的身份证明文件
15	与保健食品生产许可事项有关的其他材料

3. 保健食品生产许可，申请人应参照《保健食品生产许可分类目录》（表9-2）的要求，填报申请生产的保健食品品种明细。

表9-2　保健食品生产许可分类目录

序号	类别编号	类别名称	品种明细	备　注
27	2701	片剂	具体品种	注册号或备案号
	2702	粉剂	具体品种	注册号或备案号
	2703	颗粒剂	具体品种	注册号或备案号
	2704	茶剂	具体品种	注册号或备案号
	2705	硬胶囊剂	具体品种	注册号或备案号
	2706	软胶囊剂	具体品种	注册号或备案号
	2707	口服液	具体品种	注册号或备案号
	2708	丸剂	具体品种	注册号或备案号
	2709	膏剂	具体品种	注册号或备案号
	2710	饮料	具体品种	注册号或备案号
	2711	酒剂	具体品种	注册号或备案号
	2712	饼干类	具体品种	注册号或备案号
	2713	糖果类	具体品种	注册号或备案号
	2714	糕点类	具体品种	注册号或备案号
	2715	液体乳类	具体品种	注册号或备案号
	2716	原料提取物	原料提取物名称	保健食品名称、注册号或备案号
	2717	复配营养素	维生素或矿物质预混料具体品种	保健食品名称、注册号或备案号
	2718	其他类别	具体品种	注册号或备案号

4. 申请人新开办保健食品生产企业或新增生产剂型的，可以通过委托生产的方式，提交委托方的保健食品注册证明文件，或以"拟备案品种"获取保健食品生产许可资质。

5. 申请人申请保健食品原料提取物和复配营养素生产许可的，应提交保健食品注册证明文件或备案证明，以及注册证明文件或备案证明载明的该原料提取物的生产工艺、质量标准，注册证明文件或备案证明载明的该复配营养素的产品配方、生产工艺和质量标准等材料。

二、受理

省级监督管理受理部门对申请人提出的保健食品生产许可申请，应当按照《食品生产许可管理办法》的要求，做出受理或不予受理的决定。

三、移送

保健食品生产许可申请材料受理后，受理部门应将受理材料移送至保健食品生产许可技术审查部门。

第二节　技术审查

扫码"学一学"

一、书面审查

1. 技术审查部门按照《保健食品生产许可书面审查记录表》（表9-3）的要求，对申请人的申请材料进行书面审查，并如实填写审查记录。

表9-3　保健食品生产许可书面审查记录表

序号	审查内容	审查标准	是否符合要求（是/否/不适用）	核查记录（可附页）
1	食品生产许可申请书	（1）申请项目填写完整规范；（2）按照《保健食品剂型形态分类目录》的要求，填写相关信息		
2	营业执照复印件	（1）营业执照在有效期内；（2）营业范围包括保健食品生产类别		
3	保健食品生产许可证正副本复印件	保健食品生产许可证真实合法，并在有效期内		
4	保健食品注册证明文件或备案证明	注册证书或备案证明真实合法，并在有效期内		
5	产品配方和生产工艺等技术材料	（1）注册保健食品的产品配方和生产工艺等技术材料清晰完整；（2）备案保健食品的产品配方、原辅料名称及用量、功效、生产工艺等应当符合保健食品原料目录技术要求		
6	产品标签、说明书样稿	（1）应当载明产品名称、原料、辅料、功效成分或者标志性成分及含量、适宜人群、不适宜人群、保健功能、食用量及食用方法、规格、贮藏方法、保质期、注意事项等内容，并与注册证书或备案内容一致；（2）不得标注保健食品禁止使用或标注的内容；（3）保健食品委托生产的，还应当标明委托双方的企业名称、地址以及受托生产方的许可证编号等信息		
7	生产场所及周围环境平面图	生产场所选址合理，远离污染源，符合保健食品生产要求		
8	各功能区间布局平面图（标明生产操作间、主要设备布局以及人流物流、净化空气流向）	（1）生产区、行政区、生活区和辅助区布局合理，不得互相妨碍；（2）各功能区间设计合理，生产设备布局有序，生产工序操作方便；（3）洁净区人流物流走向以及净化空气流向，符合保健食品生产要求		

续表

序号	审查内容	审查标准	是否符合要求 （是/否/不适用）	核查记录 （可附页）
9	生产设施设备清单	生产设施设备与生产工艺相适应，符合保健食品生产要求		
10	保健食品质量管理规章制度	企业管理机构健全，保健食品质量管理制度完善		
11	保健食品生产质量管理体系文件	保健食品生产质量管理体系文件健全完整		
12	保健食品委托生产的，提交委托生产协议	（1）委托方应是保健食品注册证书持有人； （2）委托双方应签订委托生产协议，明确双方权利和责任义务		
13	申请人委托他人办理保健食品生产许可申请的，代理人应当提交授权委托书以及代理人的身份证明文件			
14	与保健食品生产许可事项有关的其他材料			

书面审查意见

符合要求项目	
不符合要求项目	
书面审查结论	
审查人员签字	

2. 技术审查部门应当核对申请材料原件，需要补充技术性材料的，应一次性告知申请人予以补正。

3. 申请材料基本符合要求，需要对许可事项开展现场核查的，可结合现场核查核对申请材料原件。

二、审查内容

1. 主体资质审查　申请人的营业执照、保健食品注册证明文件或备案证明合法有效，产品配方和生产工艺等技术材料完整，标签说明书样稿与注册或备案的技术要求一致。备案保健食品符合保健食品原料目录技术要求。

2. 生产条件审查　保健食品生产场所应当合理布局，洁净车间应符合《保健食品GMP》要求。保健食品安全管理规章制度和体系文件健全完善，生产工艺流程清晰完整，生产设施设备与生产工艺相适应。

3. 委托生产　保健食品委托生产的，委托方应是保健食品注册证书持有人，受托方应能够完成委托生产品种的全部生产过程。委托生产的保健食品，标签说明书应当标注委托双方的企业名称、地址以及受托方许可证编号等内容。保健食品的原注册人可以对转备案保健食品进行委托生产。

三、审查结论

1. 书面审查符合要求的，技术审查部门应做出书面审查合格的结论，组织审查组开展现场核查。

2. 书面审查出现以下情形之一的，技术审查部门应做出书面审查不合格的结论。

（1）申请材料书面审查不符合要求的。

（2）申请人未按时补正申请材料的。

3. 书面审查不合格的，技术审查部门应按照本细则的要求提出未通过生产许可的审查意见。

4. 申请人具有以下情形之一，技术审查部门可以不再组织现场核查。

（1）申请增加同剂型产品，生产工艺实质等同的保健食品。

（2）申请保健食品生产许可变更或延续，申请人声明关键生产条件未发生变化，且不影响产品质量安全的。

5. 申请人在生产许可有效期限内出现以下情形之一，技术审查部门不得免于现场核查。

（1）保健食品监督抽检不合格的。

（2）保健食品违法生产经营被立案查处的。

（3）保健食品生产条件发生变化，可能影响产品质量安全的。

（4）相关监督管理部门认为应当进行现场核查的。

第三节　现场核查

扫码"学一学"

一、组织审查组

1. 书面审查合格的，技术审查部门应组织审查组开展保健食品生产许可现场核查。

2. 审查组一般由2名以上（含2名）熟悉保健食品管理、生产工艺流程、质量检验检测等方面的人员组成，其中至少有1名审查员参与该申请材料的书面审查。

3. 审查组实行组长负责制，与申请人有利害关系的审查员应当回避。审查人员确定后，原则上不得随意变动。

4. 审查组应当制定审查工作方案，明确审查人员分工、审查内容、审查纪律以及相应注意事项，并在规定时限内完成审查任务，做出审查结论。

5. 负责日常监管的相关监督管理部门应当选派观察员，参加生产许可现场核查，负责现场核查的全程监督，但不参与审查意见。

二、审查程序

1. 技术审查部门应及时与申请人进行沟通，现场核查前两个工作日告知申请人审查时间、审查内容以及需要配合事项。

2. 申请人的法定代表人（负责人）或其代理人、相关食品安全管理人员、专业技术人员、核查组成员及观察员应当参加首、末次会议，并在《现场核查首末次会议签到表》（表9-4）上签到。

表9-4 现场核查首末次会议签到表

申请人名称		
核查组	核查组长	
	核查组员	
	观察员	
首次会议	会议时间	年 月 日 时 分至 时 分
	会议地点	

参加会议的申请人及有关人员签名

签名	职务	签名	职务	签名	职务

末次会议	会议时间	年 月 日 时 分至 时 分
	会议地点	

参加会议的申请人及有关人员签名

签名	职务	签名	职务	签名	职务

备注	

3. 审查组按照《保健食品生产许可现场核查记录表》（表9-5）的要求组织现场核查，应如实填写核查记录，并当场做出审查结论。

表9-5 保健食品生产许可现场核查记录表

一、机构与人员

审查项目	序号	审查内容	是否符合要求（是/否/不适用）	核查记录
组织机构	*1.1	建立健全组织机构，完善质量管理制度，明确各部门与人员的职责分工		
	1.2	企业应当设立独立的质量管理部门，至少应具有以下职责：①审核并放行原辅料、包装材料、中间产品和成品；②审核工艺操作规程以及投料、生产、检验等各项记录，监督产品的生产过程；③批准质量标准、取样方法、检验方法和其他质量管理规程；④审核和监督原辅料、包装材料供应商；⑤监督生产厂房和设施设备的维护情况，以保持其良好的运行状态		
	1.3	企业生产管理部门至少应具有以下职责：①按照生产工艺和控制参数的要求组织生产；②严格执行各项生产岗位操作规程；③审核产品批生产记录，调查处理生产偏差；④实施生产工艺验证，确保生产过程合理有序；⑤检查确认生产厂房和设施设备处于良好运行状态		

续表

审查项目	序号	审查内容	是否符合要求（是/否/不适用）	核查记录
人员资质	*1.4	配备与保健食品生产相适应的具有相关专业知识、生产经验及组织能力的管理人员和技术人员，专职技术人员的比例不低于职工总数的5%；保健食品生产有特殊要求的，专业技术人员应符合相应管理要求		
	1.5	企业主要负责人全面负责本企业食品安全工作，企业应当配备食品安全管理人员，并加强培训和考核		
	*1.6	生产管理部门负责人和质量管理部门负责人应当是专职人员，不得相互兼任，并具有相关专业大专以上学历或中级技术职称、三年以上从事食品医药生产或质量管理经验		
	1.7	采购人员等从事影响产品质量的工作人员，应具有相关理论知识和实际操作技能，熟悉食品安全标准和相关法律法规		
	1.8	企业应当具有两名以上专职检验人员，检验人员必须具有中专或高中以上学历，并经培训合格，具备相应检验能力		
人员管理	*1.9	企业应建立从业人员健康管理制度，从事保健食品暴露工序生产的从业人员每年应当进行健康检查，取得健康证明后方可上岗		
	1.10	患有国务院卫生行政部门规定的有碍食品安全疾病的人员，不得从事保健食品暴露工序的生产		
	1.11	企业应建立从业人员培训制度，根据不同岗位制订并实施年度培训计划，定期进行保健食品相关法律法规、规范标准和食品安全知识培训和考核，并留存相应记录		

二、厂房布局

审查项目	序号	审查内容	是否符合要求（是/否/不适用）	核查记录
厂区环境	*2.1	生产厂区周边不得有粉尘、有害气体、放射性物质、垃圾处理场和其他扩散性污染源，不得有昆虫大量滋生的潜在场所，避免危及产品安全		
	2.2	生产环境必须整洁，厂区的地面、路面及运输等不应当对保健食品的生产造成污染；生产、行政、生活和辅助区的总体布局应当合理，不得互相妨碍		
	2.3	厂房建筑结构应当完整，能够满足生产工艺和质量、卫生及安全生产要求，同时便于进行清洁工作		
布局设计	**2.4	生产车间分为一般生产区和洁净区，企业应按照生产工艺和洁净级别，对生产车间进行合理布局，并能够完成保健食品全部生产工序		
	2.5	生产车间应当有与生产规模相适应的面积和空间，以有序地安置设备和物料，便于生产加工操作，防止差错和交叉污染		
	*2.6	生产车间应当分别设置与洁净级别相适应的人流物流通道，避免交叉污染		
	*2.7	保健食品洁净车间洁净级别一般不低于100 000级；酒类保健食品（含酒精度在35%以上的保健食品）应有良好的除湿、排风、除尘、降温等设施，人员、物料进出及生产操作应参照洁净车间管理		
	*2.8	保健食品生产中直接接触空气的各暴露工序以及直接接触保健食品的包装材料最终处理的暴露工序应在同一洁净车间内连续完成；生产工序未在同一洁净车间内完成的，应经生产验证合格，符合保健食品生产洁净级别要求		
	**2.9	保健食品不得与药品共线生产，不得生产对保健食品质量安全产生影响的其他产品		

续表

三、设施设备

审查项目	序号	审查内容	是否符合要求 (是/否/不适用)	核查记录
生产设施	3.1	洁净车间的内表面应当平整光滑、无裂缝、接口严密、无颗粒物脱落，并能耐受清洗和消毒，墙壁与地面的交界处宜成弧形或采取其他措施，以减少灰尘积聚和便于清洁		
	3.2	洁净车间内的窗户、天棚及进入室内的管道、风口、灯具与墙壁或天棚的连接部位均应当密封，洁净车间内的密闭门应朝空气洁净度较高的房间开启		
	3.3	管道的设计和安装应当避免死角和盲管，确实无法避免的，应便于拆装清洁；与生产车间无关的管道不宜穿过，与生产设备连接的固定管道应当标明管内物料类别和流向		
	*3.4	洁净区与非洁净区之间以及不同级别的洁净室之间应设缓冲区，缓冲区应设联锁装置，防止空气倒灌		
	3.5	洁净车间内产尘量大的工序应当有防尘及捕尘设施，产尘量大的操作室应当保持相对负压，并采取相应措施，防止粉尘扩散，避免交叉污染		
	*3.6	洁净车间的人流通道应设置合理的洗手、消毒、更衣等设施，物流通道应设置必要的缓冲和清洁设施		
	3.7	洁净车间内安装的水池、地漏应符合相应洁净要求，不得对物料、中间产品和成品产生污染		
	3.8	一般生产区的墙面、地面、顶棚应当平整，便于清洁；管道、风口、灯具等设施应当安全规范，符合生产要求		
生产设备	**3.9	具有与生产品种和规模相适应的生产设备，并根据工艺要求合理布局，生产工序应当衔接紧密，操作方便		
	3.10	与物料、中间产品直接或间接接触的设备和用具，应当使用安全、无毒、无臭味或异味、防吸收、耐腐蚀、不易脱落且可承受反复清洗和消毒的材料制造		
	*3.11	产品的灌装、装填必须使用自动机械设备，因工艺特殊确实无法采用自动机械装置的，应有合理解释，并能保证产品质量		
	3.12	计量器具和仪器仪表定期进行检定校验，生产厂房及设施设备定期进行保养维修，确保设施设备符合保健食品生产要求		
	3.13	生产设备所用的润滑剂、冷却剂、清洁剂、消毒剂等不得对设备、原辅料或成品造成污染		
空气净化系统	**3.14	企业应设置符合空气洁净度要求的空气净化系统，洁净区内空气洁净度应经具有合法资质的检测机构检测合格		
	3.15	企业应具有空气洁净度检测设备和技术人员，定期进行悬浮粒子、浮游菌、沉降菌等项目的检测		
	*3.16	洁净车间与室外大气的静压差应当不小于 10 Pa，洁净级别不同的相邻洁净室之间的静压差一般不小于 5 Pa，并配备压差指示装置		
	*3.17	洁净车间的温度和相对湿度应当与生产工艺要求相适应；无特殊要求时，温度应当控制在 18～26℃，相对湿度控制在 45%～65%		
	3.18	直接接触保健食品的干燥用空气、压缩空气等应当经净化处理，符合生产要求		
水处理系统	3.19	保健食品生产用水包括生活饮用水和纯化水，生产用水应当符合生产工艺及相关技术要求，清洗直接接触保健食品的生产设备内表面应当使用纯化水		
	*3.20	企业应当具备纯化水制备和检测能力，并定期进行 PH、电导率等项目的检测		

续表

审查项目	序号	审查内容	是否符合要求 (是/否/不适用)	核查记录
水处理系统	3.21	生产用水的制备、储存和分配应当能防止微生物的滋生和污染，储罐和输送管道所用材料应当无毒、耐腐蚀，明确储罐和管道的清洗、灭菌周期及方法		
	3.22	企业每年应当进行生产用水的全项检验，对不能检验的项目，可以委托具有合法资质的检验机构进行检验		

四、原辅料管理

审查项目	序号	审查内容	是否符合要求 (是/否/不适用)	核查记录
原辅料管理	*4.1	企业应当建立并执行原辅料和包装材料的采购、验收、存储、领用、退库以及保质期管理制度，原辅料和包装材料应当符合相应食品安全标准、产品技术要求和企业标准		
	4.2	企业应当建立物料采购供应商审计制度，采购原辅料和包装材料应查验供应商的许可资质证明和产品合格证明；对无法提供合格证明的原料，应当按照食品安全标准检验合格		
	4.3	原料的质量标准应与产品注册批准或备案内容相一致		
	4.4	企业应设置专库或专区储存原辅料和包装材料，对验收不合格、退库、超过保质期的原辅料和包装材料，应按照相关规定进行处置		
	*4.5	采购菌丝体原料、益生菌类原料和藻类原料，应当索取菌株或品种鉴定报告、稳定性报告；采购动物或动物组织器官原料，应当索取检疫证明；使用经辐照的原料及其他特殊原料的，应当符合国家有关规定；生产菌丝体原料、益生菌类原料和藻类原料，应当按照相关要求建立生产管理体系		
原料提取物	4.6	企业应当具有两名以上能够鉴别动植物等原料真伪优劣的专业技术人员		
	**4.7	保健食品生产工艺有原料提取、纯化等前处理工序的，需要具备与生产的品种、数量相适应的原料前处理设备或者设施		
	4.8	原料的前处理车间应配备必要的通风、除尘、除烟、降温等设施并运行良好，应与其生产规模和工艺要求相适应		
	*4.9	原料的前处理车间应与成品生产车间分开，人流物流通道应与成品生产车间分设		
	*4.10	企业应按照生产工艺和质量标准要求，制定原料前处理工艺规程，建立原料提取生产记录制度，包括原料的称量、清洗、提取、浓缩、收膏、干燥、粉碎等生产过程和相应工艺参数，每批次提取物应标注同一生产日期		
	*4.11	具有与原料前处理相适应的生产设备，提取、浓缩、收膏等工序应采用密闭系统进行操作，便于管道清洁，防止交叉污染；采用敞口方式进行收膏操作的，其操作环境应与保健食品生产的洁净级别相适应		
	*4.12	提取物的干燥、粉碎、过筛、混合、内包装等工序，应在洁净车间内完成，洁净级别应与保健食品生产的洁净级别相适应		
	4.13	原料的清洗、浸润、提取用水应符合生产工艺要求，清洗提取设备或容器内表面应当使用纯化水		
	*4.14	提取用溶剂需回收的，应当具备溶剂回收设施设备；回收后溶剂的再使用不得对产品造成交叉污染，不得对产品的质量和安全性有不利影响		
	4.15	每批产品应当进行提取率检查，如有显著差异，必须查明原因，在确认无质量安全隐患后，方可按正常产品处理		
	*4.16	申请原料提取物生产许可的企业应当具备原料提取物的检验设备和检验能力，能够按照提取物质量标准或技术要求进行全项目检验，并按照全检量的要求进行提取物留样		

续表

审查项目	序号	审查内容	是否符合要求（是/否/不适用）	核查记录
原料提取物	4.17	企业应当对提取物进行稳定性考察，确定原料提取物有效期，有效期一般不超过两年		
	4.18	原料提取物的生产记录、检验记录、销售记录等各项记录的保存期限不得少于五年；提取物留样至少保存至保质期后一年，保存期限不得少于两年		
复配营养素	4.19	企业应按照生产工艺和质量标准的要求，制定复配营养素的产品技术标准、工艺操作规程以及各项质量管理制度		
	*4.20	企业应按照保健食品产品配方要求，采用物理方法将两种或两种以上单一维生素、矿物质营养素补充剂，通过添加或不添加辅料，经均匀混合制成复配营养素；复配营养素在生产过程中不应发生化学反应，不应产生新的化合物		
	**4.21	企业应具备自动称量、自动投料、自动混合等生产设施设备，并能够进行实时检测和生产过程记录，保证产品的均匀混合和在线追溯		
	*4.22	复配营养素的生产过程应在密闭设备内完成，并采用有效的防尘捕尘设备，生产环境洁净级应与保健食品生产的洁净级别相适应		
	4.23	企业应建立复配营养素批生产记录制度，每批次复配营养素应标注同一生产日期		
	*4.24	企业具有复配营养素的检验设备和检验能力，每批产品均应按照相关要求开展感官、有害物质、致病性微生物以及维生素、矿物质、微量元素含量的检验；复配营养素的感官、有害物质、致病性微生物等项目，可参照《复配食品添加剂通则》（GB 26687）的要求进行检验		
	4.25	企业按照全检量的要求做好产品留样，并对复配营养素进行稳定性考察，确定产品有效期，有效期一般不超过两年		
	4.26	复配营养素的生产记录、检验记录、销售记录等各项记录的保存期限不得少于五年；产品留样至少保存至保质期后一年，保存期限不得少于两年		

五、生产管理

审查项目	序号	审查内容	是否符合要求（是/否/不适用）	核查记录
生产管理制度	**5.1	企业应根据保健食品注册或备案的技术要求，制定生产工艺规程，并连续完成保健食品的全部生产过程，包括原料的前处理和成品的外包装		
	*5.2	企业应建立生产批次管理制度，保健食品按照相同工艺组织生产，在成型或灌装前经同一设备一次混合所产生的均质产品，应当编制唯一生产批号；在同一生产周期内连续生产，能够确保产品均质的保健食品，可以编制同一生产批号		
	*5.3	保健食品生产日期不得迟于完成产品内包装的日期，同一批次产品应当标注相同生产日期；批生产记录应当按批号归档，保存至产品保质期后一年，保存期限不得少于两年		
	*5.4	建立批生产记录制度，批生产记录至少应当包括：生产指令、各工序生产记录、工艺参数、中间产品和产品检验报告、清场记录、物料平衡记录、生产偏差处理以及最小销售包装的标签说明书等内容		
	5.5	根据注册或备案的产品技术要求，制定保健食品企业标准		
生产过程控制	5.6	工作人员进入生产区，要按规定进行洗手、消毒和更衣，不得化妆和佩带饰物，头发藏于工作帽内或使用发网约束		
	5.7	工作服的选材、式样及穿戴方式应当与生产操作和空气洁净度级别要求相适应，不同洁净级别区域的工作服不得混用		

续表

审查项目	序号	审查内容	是否符合要求 (是/否/不适用)	核查记录
生产过程控制	*5.8	原辅料和包装材料的投料使用应当经过双人复核，确认其品名、规格、数量等内容与生产指令相符，并符合相应质量要求		
	5.9	物料应当经过物流通道进入生产车间，进入洁净区的物料应当除去外包装，按照有关规定进行清洁消毒		
	5.10	中间产品应当标明名称、批号、数量和储存期限，按照储存期限和条件进行储存，并在规定的时间内完成生产		
	*5.11	每批产品应当进行物料平衡检查，如有显著差异，必须查明原因，在确认无质量安全隐患后，方可按正常产品处理		
	5.12	需要杀菌或灭菌的保健食品，应当按照生产工艺要求选择合适有效的杀菌或灭菌方法		
	5.13	每批产品生产结束应当按规定程序进行清场，生产用工具、容器、设备进行清洗清洁，生产操作间、生产设备和容器应当有清洁状态标识		
委托生产	**5.14	委托方应是保健食品注册证书持有人，受托方应能够完成委托生产品种的全部生产过程；保健食品的原注册人可以对转备案保健食品进行委托生产		
	5.15	委托双方应当签订委托生产协议，明确双方的质量责任和权利义务		
	*5.16	受托方应建立受委托生产产品的质量管理制度，承担受委托生产产品的质量责任		
	5.17	受托方应留存受委托生产产品的生产记录，并做好产品留样		

六、品质管理

审查项目	序号	审查内容	是否符合要求 (是/否/不适用)	核查记录
质量管理制度	*6.1	企业应制定完善的质量管理制度，至少应包括以下内容：企业组织机构与部门质量管理职责；人员培训与健康管理制度；物料供应商管理制度；物料、中间产品和成品质量标准和放行制度；设施设备保养维修制度、仪器仪表检定校验制度；生产过程质量管理制度、贮存和运输管理制度、清场管理制度、验证管理制度、留样管理制度、稳定性考察制度、文件与记录管理制度、生产质量管理体系运行自查制度、不合格品管理制度、实验室管理制度、产品跟踪监测制度、不安全品召回制度以及安全事故处置制度等		
	*6.2	企业应定期对工艺操作规程、关键生产设备、空气净化系统、水处理系统、杀菌或灭菌设备等进行验证，验证结果和结论应当有记录并留存		
	6.3	建立产品记录管理制度，原料的采购、发放、投料以及产品的生产、检验、放行等记录要有专门机构负责管理，至少保存至保健食品保质期后一年，保存期限不得少于两年		
产品留样和标签标识管理	6.4	企业应当设立与保健食品生产规模相适应的留样室和原料标本室，具备与产品相适应的存储条件		
	6.5	企业生产的每批保健食品都应留样，留样数量应满足产品质量追溯检验的要求，样品至少保存至保质期后一年，保存期限不得少于两年		
	6.6	产品包装、标签和说明书应当符合保健食品管理的相关要求，企业应当设专库或专区按品种、规格分类存放，凭生产指令按需求发放使用		
实验室设置	*6.7	自行检验的企业应当设置与生产品种和规模相适应的检验室，具备对原料、中间产品、成品进行检验所需的房间、仪器、设备及器材，并定期进行检定校准，使其经常处于良好状态		

审查项目	序号	审查内容	是否符合要求（是/否/不适用）	核查记录
实验室设置	*6.8	每批保健食品要按照企业标准的要求进行出厂检验，每个品种每年要按照产品技术要求至少进行一次全项目型式检验		
	6.9	对不能自行检验的项目，企业应委托具有合法资质的检验机构实施检验，并留存检验报告		
	6.10	成品检验室应当与保健食品生产区分开，在洁净车间内进行的中间产品检验不得对保健食品生产过程造成影响；致病菌检测的阳性对照、微生物限度检定要分室进行，并采取有效措施，避免交叉污染		
检验报告	**6.11	企业应提供一年内的保健食品全项目检验合格报告；不能自行检验的企业，应委托具有合法资质的检验机构进行检验，并出具检验报告		

七、库房管理

审查项目	序号	审查内容	是否符合要求（是/否/不适用）	核查记录
库房管理	7.1	企业应当建立库房台账管理制度，入库存放的原辅料、包装材料以及成品，严格按照储存货位管理，确保物、卡、账一致，并与实际相符；企业使用信息化仓储管理系统进行管理的，应确保信息安全备份可追溯，系统信息与实际相符		
	*7.2	库房面积应当与所生产的品种、规模相适应，根据成品贮存条件要求设置防尘、防蝇、防虫、防鼠、照明、通风、避光以及温湿度控制设施		
	7.3	物料和成品应当设立专库或专区管理，物料和成品应按待检、合格、不合格分批离墙离地存放；采用信息化管理的仓库，应在管理系统内进行电子标注或区分		
	*7.4	不合格的物料和成品要单独存放，并及时按规定进行处置		
	7.5	固体和液体物料应当分开存放，挥发性物料应当避免污染其他物料，相互影响风味的物料应密闭存放		
	7.6	物料应当按规定的保质期贮存，无规定保质期的，企业需根据贮存条件、稳定性等情况确定其贮存期限		
	7.7	物料和成品应当采用近有效期先发、先进先出的原则出库，贮存期内如有特殊情况应当及时复验		

现场核查意见

不合格关键项（标注**项目）	
不合格重点项（标注*项目）	
不合格一般项	
现场核查结论	
核查人员签字	
观察员签字	
企业签字、盖章	

4.《保健食品生产许可现场核查记录表》包括103项审查条款，其中关键项9项，重点项36项，一般项58项，审查组应对每项审查条款做出是否符合要求或不适用的审查意见。

5. 审查组应在10个工作日内完成生产许可的现场核查。因不可抗原因，或者供电、供水等客观原因导致现场核查无法正常开展的，申请人应当向许可机关书面提出许可中止申请。中止时间应当不超过10个工作日，中止时间不计入生产许可审批时限。

三、审查内容

1. 生产条件审查　保健食品生产厂区整洁卫生，洁净车间布局合理，符合《保健食品GMP》要求。空气净化系统、水处理系统运转正常，生产设施设备安置有序，与生产工艺相适应，便于保健食品的生产加工操作。计量器具和仪器仪表定期检定校验，生产厂房和设施设备定期保养维修。

2. 品质管理审查　企业根据注册或备案的产品技术要求，制定保健食品企业标准，加强原辅料采购、生产过程控制、质量检验以及贮存管理。检验室的设置应与生产品种和规模相适应，每批保健食品按照企业标准要求进行出厂检验，并进行产品留样。

3. 生产过程审查　企业制定保健食品生产工艺操作规程，建立生产批次管理制度，留存批生产记录。审查组根据注册批准或备案的生产工艺要求，查验保健食品检验合格报告和生产记录，动态审查关键生产工序，复核生产工艺的完整连续以及生产设备的合理布局。

4. 做出审查结论

（1）现场核查项目符合要求的，审查组应做出现场核查合格的结论。

（2）现场核查出现以下情形之一的，审查组应做出现场核查不合格的结论，其中不适用的审查条款除外。

①现场核查有1项（含）以上关键项不符合要求的。

②现场核查有5项（含）以上重点项不符合要求的。

③现场核查有10项（含）以上一般项不符合要求的。

④现场核查有3项重点项不符合要求，5项（含）以上一般项不符合要求的。

⑤现场核查有4项重点项不符合要求，2项（含）以上一般项不符合要求的。

（3）现场核查不合格的，审查组应按照本细则的要求提出未通过生产许可的审查意见。

（4）申请人现场核查合格的，应在1个月内对现场核查中发现的问题进行整改，并向省级相关监督管理部门和实施日常监督管理部门提交书面报告。

四、审查意见

1. 申请人经书面审查和现场核查合格的，审查组应提出通过生产许可的审查意见。

2. 申请人出现以下情形之一，审查组应提出未通过生产许可的审查意见。

（1）书面审查不合格的。

（2）书面审查合格，现场核查不合格的。

（3）因申请人自身原因导致现场核查无法按时开展的。

3. 技术审查部门应根据审查意见，编写《保健食品生产许可技术审查报告》（表9-6），并将审查材料和审查报告报送许可机关。

表9-6 保健食品生产许可技术审查报告

单位：		编号：	
企业名称			
法定代表人			
地址			
申请许可事项			
审查组成员及单位			
审查情况（主要描述书面审查、现场检查的时间安排、人员分工、检查情况以及审查中发现的相关问题）	（可附页）		
审查意见	（技术审查部门盖章） 　　年　　月　　日		

扫码"学一学"

第四节　行政审批

一、复查

1. 许可机关收到技术审查部门报送的审查材料和审查报告后，应当对审查程序和审查意见的合法性、规范性以及完整性进行复查。

2. 许可机关认为技术审查环节在审查程序和审查意见方面存在问题的，应责令技术审查部门进行核实确认。

二、决定

许可机关对通过生产许可审查的申请人，应当做出准予保健食品生产许可的决定；对未通过生产许可审查的申请人，应当做出不予保健食品生产许可的决定。

三、制证

1. 食品安全监督管理部门按照"一企一证"的原则，对通过生产许可审查的企业，颁发《食品生产许可证》，并标注保健食品生产许可事项。

2.《食品生产许可品种明细表》应载明保健食品类别编号、类别名称、品种明细以及其他备注事项。

3. 保健食品注册号或备案号应在备注中载明，保健食品委托生产的，在备注中载明委托企业名称与住所等信息。

4. 原取得生产许可的保健食品，应在备注中标注原生产许可证编号。

5. 保健食品原料提取物生产许可，应在品种明细项目标注原料提取物名称，并在备注栏目载明该保健食品名称、注册号或备案号等信息；复配营养素生产许可，应在品种明细项目标注维生素或矿物质预混料，并在备注栏目载明该保健食品名称、注册号或备案号等信息。

第五节　变更、延续、注销、补办

扫码"学一学"

一、变更

1. 申请人在生产许可证有效期内，变更生产许可证载明事项的以及变更工艺设备布局、主要生产设施设备，影响保健食品产品质量安全的，应当在变化后 10 个工作日内，按照《保健食品生产许可申请材料目录》的要求，向原发证的监督管理部门提出变更申请。

2. 相关监督管理部门应按照本细则的要求，根据申请人提出的许可变更事项，组织审查组、开展技术审查、复查审查结论，并做出行政许可决定。

3. 申请增加或减少保健食品生产品种的，品种明细参照《保健食品生产许可分类目录》。

4. 保健食品注册或者备案的生产工艺发生变化的，申请人应当办理注册或者备案变更手续后，申请变更保健食品生产许可。

5. 保健食品生产场所迁出原发证的监督管理部门管辖范围的，应当向其所在地省级监督管理部门重新申请保健食品生产许可。

6. 保健食品外设仓库地址发生变化的，申请人应当在变化后 10 个工作日内向原发证的监督管理部门报告。

7. 申请人生产条件未发生变化，需要变更以下许可事项的，省级相关监督管理部门经书面审查合格，可以直接变更许可证件。

（1）变更企业名称、法定代表人的。

（2）申请减少保健食品品种的。

（3）变更保健食品名称，产品的注册号或备案号未发生变化的。

（4）变更住所或生产地址名称，实际地址未发生变化的。

（5）委托生产的保健食品，变更委托生产企业名称或住所的。

二、延续

1. 申请延续保健食品生产许可证有效期的，应在该生产许可有效期届满 30 个工作日前，按照《保健食品生产许可申请材料目录》的要求，向原发证的监督管理部门提出延续申请。

2. 申请人声明保健食品关键生产条件未发生变化，且不影响产品质量安全的，省级相关监督管理部门可以不再组织现场核查。

3. 申请人的生产条件发生变化，可能影响保健食品安全的，省级相关监督管理部门应当组织审查组，进行现场核查。

三、注销

申请注销保健食品生产许可的，申请人按照《保健食品生产许可申请材料目录》的要求，向原发证的监督管理部门提出注销申请。

四、补办

保健食品生产许可证件遗失、损坏的，申请人应按照《食品生产许可管理办法》的相关要求，向原发证的监督管理部门申请补办。

五、附则

1. 申请人为其他企业提供动植物提取物，作为保健食品生产原料的，应按照本细则的要求申请原料提取物生产许可；仅从事本企业所生产保健食品原料提取的，申请保健食品产品生产许可。

2. 申请人为其他企业提供维生素、矿物质预混料的，应按照本细则的要求申请复配营养素生产许可；仅从事本企业所生产保健食品原料混合加工的，申请保健食品产品生产许可。

> **? 思考题**
>
> 1. 保健食品生产许可申请材料有哪些？
> 2. 保健食品生产许可现场审查包括哪些内容？
> 3. 保健食品生产许可制证包括哪些内容？
> 4. 哪些情况下可以直接变更许可证件？
> 5. 现场核查出现什么情况时，审查组应做出现场核查不合格的结论？

（周　瑜）

参考文献

［1］国家食品药品监督管理局认证管理中心．药品 GMP 指南［M］．北京：中国医药科技出版社，2011.

［2］国家药典委员会．中华人民共和国药典（一部）［M］．北京：中国医药科技出版社，2015.

［3］国家药典委员会．中华人民共和国药典（二部）［M］．北京：中国医药科技出版社，2015.

［4］国家药典委员会．中华人民共和国药典（四部）［M］．北京：中国医药科技出版社，2015.

［5］何思煌．GMP 实务教程［M］．北京：中国医药科技出版社，2017.

［6］李恒．GMP 应用基础［M］．北京：中国农业大学出版社，2011.

［7］王丽平．保健食品 GMP 实用指南［M］．北京：中国轻工业出版社，2007.

［8］庞文悦．片剂类保健食品生产中的质量风险控制［J］．食品研究与开发，2015，16（9）：123 – 126.

［9］顾杰．保健食品生产企业需形成全面质量管理观念［J］．首都医药，2014，（10）：60 – 61.

［10］邢义．30 万级洁净室洁净度监测结果分析［J］．中国卫生与科学，2007，6（5）：318 – 319.

［11］黄玲．保健食品企业过敏原风险控制研究［J］．食品安全质量检测学报，2017，8（10）：4083 – 4086.

［12］林晶，敖志雄．保健食品委托加工有关问题的探讨［J］．海峡预防医学杂志，2004，10（5）：52 – 53.

［13］孙爱京．计量工作在保健食品生产企业中的重要性［J］．山东工业技术，2017，（16）：6.

［14］林雪，蔡育新，万红丽．危害分析在食品安全风险管理的应用［J］．食品安全质量检测学报，2016，7（5）：2145 – 2150.

［15］曾宏．保健食品 GMP 审查工作中问题及建议［J］．中国卫生监督杂志，2006，13（2）：126 – 128.

［16］吴文华．安徽省保健食品生产许可现场检查情况分析［J］．安徽农业科学，2017，45（23）：75 – 79.

［17］林红．保健食品质量管理的风险分析［J］．食品安全管理，2015，（36）：42 – 43.

［18］张东风．加强保健食品原料监管［J］．中医药管理杂志，2011，（3）：262.